懂得低头
才能出头

张新国◎主编

线装书局

图书在版编目（CIP）数据

懂得低头才能出头 / 张新国主编. — 北京 ：
线装书局，2014.11
ISBN 978-7-5120-1653-8

Ⅰ. ①懂… Ⅱ. ①张… Ⅲ. ①人生哲学—通俗读物
Ⅳ. ①B821-49

中国版本图书馆CIP数据核字（2014）第272234号

懂得低头才能出头

主　　编：张新国
责任编辑：曹胜利
出版发行：线装书局
　　地　址：北京市西城区鼓楼西大街41号（100009）
　　电　话：010-64045283　64041012
　　网　址：www.xzhbc.com
经　　销：新华书店
印　　制：三河市华业印务有限公司
开　　本：700mm × 940mm　1/16
印　　张：14
字　　数：120千字
版　　次：2015年1月第1版第1次印刷
印　　数：0001-7000

定　　价：25.80元

前言

在人生的旅途中，低头是一种智慧，更是一种境界。一个懂得低头的人，能使自己站得更稳。当然，一个人在低头时，要注意审时度势，要站在牺牲小局的，顾全眼前的大局的角度上。在这个过程中，需要你去忍常人所不能忍，做常人所不能做的事。这样有助于成就大事。其实，学会低头，能顺利地跨越生活中不如意的事。换句话说，一个人只有懂得了低头，才能有机会出头。然而，有的人就是不愿意低头，他们觉得低头有损于自己的面子，会折煞自己的地位。然而，在面对周遭的考验时，他们失败了。实际上，这些人既不缺少智慧，也不缺乏激情，为何却会收获这样的结局呢？最主要的原因在于他们不懂得低头。

事实上，低头就是让人们正确地把握做人的准则，以及衡量为人处世的分寸。懂得低头，以低姿态做人，用高标准行事，才能让一个人有更多的机会在人生的舞台上走好正确的每一步。懂得低头、敢于低头的人，可以在社会中轻松地扮好每一个角色。其实，学会低头，并能低得恰到好处，可以让一个人从低处走到高处，从一个平凡的人生舞台走到一个伟大的人生舞台上。说得更贴切一点，“低头”就是让所有想要成功的人，能通过用“低头”的武器来顺利地取得事业上的成功。

阅读本书可以帮助你在复杂的社会中，找到属于自己的立脚点。同时，还有助于你成就辉煌的事业。基于此，我们收集和整理了一些为人处世方面要懂得低头的学问和方法，以便帮助广大读者在复杂的人生中绕开弯路，开创出一片属于自己的广阔发展天地。本书系统地编写了一个人在生活和事业中处理一些事情的有效方法，从低头的角度出发，详写了低头才能出头的智慧。全书的结构分为上篇、下篇。相关的内容详略得当，语言精练，内容全面，实用性强。阅读本书可以有效地帮助读者收获美好的人生。

最后，愿广大读者在打开我们精心编纂的《懂得低头才能出头》的书籍时，能够把握其精髓，领悟其真谛，提高自身的修养和能力，以便更快更好地实现自己的人生理想。希望广大读者在阅读本书时，能对我们在编辑过程中存在的缺点和不足给予批评、谅解。

目录 CONTENTS

DI TOU KAN REN SHENG

低头看人生

上篇

PART 1 第一章

低调能培养出好的心态

DI DIAO NENG PEI YANG CHU HAO DE XIN TAI

低调是一种优雅的人生态度。它代表着谦虚内敛，豁达平和。低调也是种高深的哲学，地低成海，人低成王，低调二字蕴藏着看似平谈，实则高深的处世智慧。绝大多数成功的人，如果你仔细观察，都会发现他们在成功时往往都不会居功自傲，不得意忘形，而在失败时，都能沉得住气，这往往与他们的心态和人生态度有一定的关系。

第一节　修身立德可以走宽道路

人要想立足于世，必须要讲究修身立德，而诚信是修身立德的根本。然而诚信又有什么含义呢？事实证明，诚信就是守诺、践约、无欺。

《礼记·大学》中说："诚其意者，毋自欺也。"朱熹也说："诚者何？不自欺、不妄之谓也。"

对个人而言，诚信就是要真心实意地加强个人的道德修养，存善去恶，言行一致，表里如一，对他人不存诈伪之心，不说假话，不办假事，开诚布公，以诚相待。一个人只有具备既不自欺又不欺人的优良品质，才能与他人建立和谐的人际关系。所以孟子说："诚者，天之道也；思诚者，人之道也。"他还指出，诚实才能打动人，即"至诚而不动者，未之有也；不诚，未有能动者也"。对此，后人也多有阐释。韩婴说："与人以诚，虽疏必密；与人以虚，虽戚必疏。"杜恕说："君臣有义矣，不诚则不能相临；父子有礼矣，不诚则疏；夫妇有恩矣，不诚则离。"《河南程氏遗书》卷二则有这样的话："学者不可以不诚，不诚无以为善，不诚无以为君子。修学不以诚，则学杂；为事不以诚，则事败；自谋不以诚，则是欺自心而自弃其忠；与人不以诚，则是丧其德而增人之怨"。司马光认为，"君子所以感人者，其唯诚乎！欺人者，不旋踵人必知之；感人者，益久而人益信之"。

古人甚至认为诚信是“天之道也”，而且说：“唯天下至诚，为能经纶天下之大经，立天下之大本，知天地之化育。”正如通常人们所说的“至诚通天”、“精诚所至，金石为开”。

“诚”如此神通广大，因而人们必须去把握它，并用它去规范自己的一切行为。否则，“不诚无物”，就会什么也干不成，什么也不会有。不诚，国家不会有忠臣孝子和清官廉吏；不诚，个人也不会有真朋好友，因为真挚的友谊同样也需要用“诚”去获得。而如果言行不一，甚至虚伪奸诈，则必然会形影相吊、独而无友，缺乏良好的人际交往。

诚信为天下第一品牌。以诚待人，是成大事者的基本做人准则。做人做事，都要讲“诚信”二字，只有养成诚实守信的习惯，才能获得成功的青睐。

1835年，摩根成为一家名叫“伊特纳火灾”的小保险公司的股东。这家公司不用股东马上拿出现金，只需在股东名册上签上名字就可以成为股东。这符合摩根没有现金但却能获益的设想。

就在摩根成为股东不久，有一家在伊特纳火灾公司投保的客户发生了火灾。如果按照规定完全付清赔偿金，保险公司就会破产。如果这样一来，股东们会一个个惊慌失措，纷纷要求退股。

摩根斟酌再三，认为自己的信誉比金钱更重要，于是他四处筹款，并卖掉了自己的住房，低价收购了所有要求退股的股东们的股票，然后他将赔偿金如数付给了投保的客户。

这件事过后，伊特纳火灾保险公司也因此有了信誉的保证。

已经身无分文的摩根成为保险公司的所有者，但这时的保险公司却已经濒临破产。无奈之中他打出广告：本公司为偿付保险金已竭尽所能，所以从现在开始，凡是再到本公司投保的客户，保险金一律加倍收取。

不料客户很快蜂拥而至。原来在很多人的心目中，伊特纳公司是最讲信誉的保险公司，这一点使得它比许多有名的大保险公司更受欢迎，伊特纳火灾保险公司从此崛起。

过了许多年之后，摩根的公司已成为华尔街的主宰，而当年的摩根先生正是美国亿万富翁——摩根家族的创始人。其实成就摩根家族的并不仅仅是一场火灾，而是比金钱更有价值的信誉。

诚是一个人立足的根本，待人以诚，就是信义为要。荀子说：“天地为大矣，不诚则不能化万物；圣人为智矣，不诚则不能化万民；父子为亲矣，不诚则疏；君上为尊矣，不诚则卑。”诚能化万物，也就是所谓的“诚则灵”，这正说明了诚的重要性。相反，心不诚则不灵，行则不通，事则不成。一个心灵丑恶、为人虚伪的人根本无法取得人们的信任。明人朱舜水说得更直接：“修身处世，一诚之外便无余事。故曰：‘君子诚之为贵。’自天子至庶人，未有舍诚而能行事也；今人奈何欺世盗名矜得计哉？”所以，诚是君子之所守也，政事之所本。只有保证诚信的人，才能获得别人对他的支持。

真诚待人、真诚做事，这是成功者必备的品质之一。只有具备了这种品质，人才会打开心扉给他人看，使人们了解他、接纳他、帮助他、支持他，从而使他的事业获得成功，使他受到人们的尊重和敬仰。因此，我们应养成真诚待人的习惯，用真诚的心灵去赢得事业上的成功。

有位孤独的老人，没有子女又体弱多病，他决定搬到养老院去。老人宣布出售他豪华的别墅。

购买者闻讯蜂拥而至。别墅底价是8万英镑，但人们很快就将它炒到了10万英镑，而且价钱还在不断攀升。

但老人静静地坐在沙发上，满目忧郁。是的，要不是孤苦伶仃、疾病缠身，他是不会将这栋陪他度过大半生的住宅卖掉的。

一个衣着朴素的青年人来到老人跟前，低声说："先生，我非常想买这栋住宅，可我只有1万英镑。""但是，它的底价就是8万英镑啊，"老人淡淡地说，并且"现在它已经升到10万英镑了。"

青年并不沮丧，诚恳地说："先生，如果您把住宅卖给我，我保证会让您依旧生活在这里，和我一起喝茶、读报、散步，天天都快快乐乐的。相信我，我会用我的整颗心来时时关爱着您。"

老人面带微笑地聆听着。

突然，老人站起来，挥手示意人们安静下来："朋友们，这栋住宅的新主人已经产生了。"老人拍着身旁这位青年人的肩膀说道："就是这个小伙子！"

最终青年不可思议地赢得了胜利，成了别墅的主人。

人与人的感情交流是具有相互的。只有敞开自己的心扉，真诚待人、肝胆相照、赤诚相见，才会与他人心心相印。

为人处世如果离开了真诚，则无友谊可言，只有一个真诚人的心声才能唤起一大群真诚人的共鸣。"投之以木桃，报之以琼瑶。"我们待人接物时应秉持真诚的品性。也只有这样，我们每个人的心灵才会美好而快乐，才会愉快地过好每一天，才会在事业上获得更多真诚的帮助。

因此，与人相处，一定要注意以下几点。

1.应当知人而交

当你捧出赤诚之心时，一定要先看看站在自己面前的是何许人也，千万别对不可信赖的人敞开心扉，否则会令你后悔莫及。

2.要想得到知己朋友，首先得敞开自己的心怀

只有讲真话、实话，不遮掩、不吞吐，才会换得朋友的赤诚和爱戴。正如谢觉哉在一首诗中所写的："行经万里身犹健，历尽千艰胆未寒。可有尘瑕须拂拭，敞开心扉给人看。"

3.以诚待人，要坦荡无私、光明正大

你一旦发现对方有缺点和错误，特别是与他的事业关系密切的缺点和错误，就要及时地指出来，并督促他立即改正。批评的确不大讨人喜欢，但你不妨换个使他能够理解接受的角度，从而更好地沟通彼此的心灵，发展友情。

可见，如果你能做到诚信的要义，那么你就把握了立德的根本。这为你的立足也拓宽了平坦的大道。同时，这些对你结交朋友，发展事业都能起到一定的帮助。所以，做一个诚信的人何乐而不为呢？

第二节　积水成渊终成大器

黑格尔说："一个大有成就的人，他必须如歌德所说，知道限制自己。反之，那些什么事情都想做的人，其实什么事都做不成，而最终归于失败。"

黑格尔说的是一个专注问题。专注是一种非常重要的心态，这就好比一棵树，必须剪去旁枝才能长得高大粗壮。同样，你只有把心中的一切杂念清除得干干净净，对准你的目标向前进，才会最终走向成功。

平庸者成功和聪明人失败一直是令人惊奇的事。人们疑惑不解，为什么许多成功者大都资质平平，却取得了超乎寻常的成就？其实原因很简单，那些看似愚钝的人有一种顽强的毅力和一种"滴水穿石"的专注精神。他们能专注于一个领域，集中精力，耕耘不辍，一步一步地积累自己的优势。而那些所谓智力超群、才华横溢的人却常常四处涉猎、用心不专，以致最终一无所长。

正因为如此，大凡造诣精深的人，都能自觉地约束自己，以减少旁枝，从而一心一意地投入到自己所从事的事业中去。

英国科学家弗朗西斯·克里克在1962年因参与测定脱氧核糖核酸的双螺旋结构而荣获诺贝尔奖。获奖后，登门来访和求见他的人络绎不绝。为此，他设计了一份通用的"谢绝书"，上面写道：

"克里克博士对来访者表示感谢。但十分遗憾，他不能因您的盛情而给您签名、赠送相片、为您治病、接受采访、接受来访、发表电视讲话、在电视中露面、赴宴后一发表演讲、充当证人、为您的事业出力、阅读您的文稿、作一次报告、参加会议、担当主席、充当编辑、写一本书、接受名誉学位……”

对很多人来说求之不得的待遇和荣誉，克里克都一概拒绝了。但这并不表明他是一个不食人间烟火、缺乏生活情趣的人，而只是因为他明白，自己一旦屈从，则再也不能保证从事科学研究的时间和精力。如果向克里克请教成功的秘诀，他也会像茨威格那样说：“聚精会神，集中所有的力量，完成一项工作。”

专注对任何人来说都是有重要意义的。大物理学家牛顿经常感慨地说：“心无二用！”有一次，给他做饭的老太太有事要出去，告诉牛顿鸡蛋放在桌子上，要他自己煮鸡蛋吃。过了一会儿，老太太回来了，她掀开锅盖一看，大吃一惊：锅里竟然有一只怀表！原来，这块怀表刚才放在鸡蛋旁边，而牛顿因为忙于运算，错把怀表当鸡蛋煮了。又有一次，牛顿牵着马上山，走着走着他突然想起了研究中的某个问题。他专注地思考着，不由得松开了手，放掉了马的缰绳。此时马跑了，他却全然不知。直到走上山顶，前面没了路时，牛顿才从沉思中清醒过来，发现手中牵着的马已经跑了。正是因为这样心无二用，牛顿才成就了他伟大科学家的美名。

正所谓“不聚焦就不能燃烧”，凡大学者、科学家取得的成就，无一不是“聚焦”的功劳。

一山一石、一花一鸟、只言片语……我们都能从中看出生命来，看出精神来，看出人品来。有些人即使和我们相隔千山万水，相隔千年万代，可是我们仍然能从他的只言片语中想象出他的为人怎样。这些便是精神专注的魅力所在。

从古至今，在事业上、艺术上有所成就的人，无不是心无二志、专注勤勉的人。因此，我们在追求成功、实现理想的道路上必须学会舍弃一些东西。只有这样，才能避免无谓的精力浪费，从而才能更加集中才智，将一件事情做大、做精、做强。

老子曾说过："大的洁白，是知白守黑，和光同尘，故而若似垢污；大的方正，是方而不割，廉而不刿，故谓没有棱角；博大之器，是经久历远，厚积薄发，故而积久乃成；浩大之声，过于听之量，故而不易听闻；庞大之象，超乎视之域，故而具体无形。"

一个希望终成大器的人，重要的是要经历长期的磨炼。"长历磨难，方成大器"。这实在是一句至理名言。尤其是年轻人，更应将此句作为座右铭。只有耐得住寂寞，抱定长期吃苦耐劳的决心，而不是急功近利的心态，才能磨炼自己的匠人品格，才能增长自己的见识，才能锻炼和培养自己正确判断现实、富有远见的眼力。

王羲之七岁那年，拜女书法家卫铄为师，学习书法。王羲之临摹卫书一直到十二岁，虽已不错，但他自己却总是觉得不满意。因常听老师讲历代书法家勤学苦练的故事，他便选择以张芝的临池故事来激励自己。王羲之不停地练习书法，他用坏的毛笔都可以堆成一座小山了。他家的旁边有一个水池，王羲之经常在这里洗笔和砚台，以至于池水都变黑了。于是人们把这个水池叫作"墨池"。

为了练好书法，他每到一个地方总是不辞辛劳，四下临拓历代碑刻，因而积累了大量的书法资料。他在书房内、院子里、大门边甚至厕所的外面都摆着凳子，安放着笔、墨、纸、砚。每想到一个结构好的字，就马上写到纸上。他在练字时，常凝神苦思，不断推敲，甚至到了废寝忘食的地步。

有一次，丫鬟送来了馒头和蒜泥，催着他吃。他却一点儿反应也没有，仍然专注于练习他的书法。丫鬟没办法，只好去告诉他的夫人。当夫人和丫鬟来到书房的时候，却看见王羲之正拿着一个沾满了墨汁的馒头往嘴里送，弄得满嘴乌黑。她们忍不住笑出声来。原来，王羲之边吃边练字，由于眼睛还看着字，所以错把墨汁当成蒜泥蘸了。

夫人心疼地说："你要注意保重身体呀！为何要这般苦练呢？"

王羲之回答说："我现在的字虽然写得不错，但都只是因循前人的风格。我要想练成自己的风格，自成一体，就非得下一番苦功夫不可！"

经过长年的勤学苦练，王羲之的书法终于形成了自己独特的风格，其书法的主要特点是平和自然，笔势委婉含蓄，遒劲健秀。后人有评："飘若游云，矫若惊龙"。

荀子在《劝学》中写道："君子曰：学不可以已。青，取之于蓝，而青于蓝；冰，水为之，而寒于水。木直中绳，輮以为轮，其曲中规，虽有槁暴，不复挺者，輮使之然也。故木受绳则直，金就砺则利，君子博学而日参省乎己，则知明而行无过矣！"

这段话的大意是：学习是不可以停止的。靛青，是从蓝草中提取的，却比蓝草的颜色还要青；冰，是由水凝固而成的，却比水还要寒冷。木材笔直，合乎墨线，如果把它烤弯做成车轮，那么木材的弯度就合乎圆的标准了。即使再干枯了，木材也不会再挺直，因为经过加工，它已经成为这样的了。所以木材经过墨线测量就能取直，金器在磨刀石上磨过就能变得锋利，而君子广泛地学习并每天检查反省自己，他就会聪明多智，行为也衣就不会有过错了。

荀子还认为："积土成山，风雨兴焉；积水成渊，蛟龙生焉；积善成德，而神明自得，圣心备焉。故不积跬步，无以至千里；不积小流，无以成江海。骐骥一跃，不能十步；驽马十驾，功在不舍"。意思是堆积土石成了高山，风雨就从那里兴起了；汇积水流成为深渊，蛟龙就从那里产生了；积累善行养成高尚的品德，精神就能达到很高的境界，智慧也能得到发展，圣人的思想也就具备了。所以不积累小步，就没有办法达到千里之远；不积累细小的流水，就没有办法汇成江河大海。骏马跳跃一次，也不足十步远；劣马拉车走十天，也能走得很远，它的成功就在于不停地走。这是在告诫我们，学习并非朝夕之功就能一蹴而就的。我们必须锲而不舍，才可能有朝一日"知明而行无过"。

可见，一个成才的人一定要从点滴做起，积少成多，进而才能积水成渊，终成大器。如此，才能获得事业上的成功。

第三节 让自己的心态归零

无论你在哪里，也不管你做任何事，都需做一个低调的人。同时，这种低调都会使人保持一种平和的心态，能让人心态回归到零，会把自己心灵里的一切清空。如此，才算真正地做到了心态归零。

被称为“中国的犹太人”的温州商人就有这种把心态回归到零的精神。他们不怕失败，他们经常说：“就算输到底，大不了我还是‘草根族’。”正是这种置之死地而后生的精神，促使他们从一无所有到事业有成。

只有把自己的心态放低，才能不因才华不被重视而愤恨不平，也只有这样，才能够专心地做好普通的工作，才越容易做出成绩。有时就是这样，你越是把心态放低，越是能获得意想不到的收获。那么，低调者是如何在心态归零当中审视自己、定位自己的呢？下面有几点经验。

1.客观冷静地看待过去

过去的荣誉与挫折都已成为过去，如果我们不能时时准备归零，就会受荣誉所累，躺在光环里，停滞不前；如果不能时时准备归零，就会受挫折的影响，挫伤锐气，影响现在。

2.珍惜现在拥有的

只有对工作抱有珍惜的态度，我们才不会那么自以为是，才会从工作中学到别人不懂的东西。

3.保持一颗平常心

当你接受新的工作和挑战时，你能否成功，取决于你是否能倒空杯中的水，是否能潜下心来从头做起，而做到这些需要一颗平常心才能做到。

4.拥有一颗积极的心

在成长的道路上，当你以“归零心态”去面对这个变化越来越快的世界时，就会抱着一种学习的态度积极地去适应新环境，接受新挑战，创造新成果。

无论是谁，在人生的历程中都会经历一次又一次的转变。比如，当你第一次领到奖金的时候；当你第一次实现自我价值的时候；当你第一次做领导的时候，等等。在这些过程中，你的心情或许会激动，甚至情绪或许不能自已。然而，在这关键时刻，你必须保持一种从零开始的心态。只有这样，你的人生之路才会越走越平稳。

第四节　敢做一个自嘲的人

在这个世界上，没有十全十美的人。每个人的身上都会有这样或那样的缺陷，在漫长的人生旅途中，也总难免会出现一些失误，或者遇到一些尴尬的处境。在面对这些不顺利时，有的人会故意遮掩，有的人会无端辩解，其实有时候越是遮掩，心理越是失衡；越是辩解，也会越辩越丑。而自嘲却可以在很大程度上将这些不顺化解于无形。学会自嘲调侃，将被动变为主动，寻找内心的自在与平静，保持心理平衡，为战胜挫折，为健康、充实、快乐地活着而积聚能量。不妨这样说，低调的人往往都是善于自嘲之人。

美国有一个著名演说家叫罗伯特，他头秃得很厉害，头顶上几乎就没有什么头发。在罗伯特过生日那天，他请来了许多朋友为他庆贺，妻子悄悄地劝他戴顶帽子。罗伯特却大声说："我的夫人劝我今天戴顶帽子，可是你们不知道光着头有多好，我是第一个知道下雨的人！"这句罗伯特嘲笑自己的话，一下子使气氛变得轻松起来。

生理上的缺陷常常使人感到自卑，这样心理也会很容易失衡。但是，如果我们能像罗伯特一样自我解嘲一番，那么就会摆脱自卑感，同时也能产生出一种能不断弥补自己弱点的力量。

嘲弄他人是缺德，而有时嘲弄自己就是美德。一个会自嘲的人，往往是一个富有智慧和情趣的人，也是一个勇敢和坦诚的人。自嘲是一种鲜活的人生态度，它会让原本沉重无比的人生，刹那间变得轻松无比，让不快与烦恼都烟消云散。

在后晋时期，有一个叫梁颢的文人，他少年时曾立下誓言：不考中状元誓不为人。结果他一直时运不济，屡试不中，受尽周围人的讥笑。但是，梁颢并不在意，他总是自我解嘲地说，考一次就离状元近了一步。他在这种自嘲的心理状态中，从后晋天福三年开始应试，历经后汉、后周，直到宋太宗雍熙二年才考中状元。

他写过一首自嘲诗："天福三年来应试，雍熙二载始成名。饶他白发巾中满，且喜青云足下生。观榜更无朋辈在，归家唯有子孙迎。也知少年登科好，怎奈龙头属老成。"自嘲使梁颢走过了漫长的坎坷，终于走向成功；自嘲也给他带来了长寿，活过了古代难以逾越的九旬高龄。

这就是人们常说的自嘲有益于身心健康。是啊，世上的事情纷繁复杂，生活中我们难免会遇到许多意想不到的事情，有些人为了掩饰这些事情，开始心虚地吹嘘，但结果往往是让人小看了。而自嘲的人干脆将自己的缺点袒露无遗，这样自己落个坦然的同时，还能得到别人的理解。

勇敢地嘲笑自己的缺点，朝更美的方向努力，这就是自嘲者的人生态度。自嘲具有干预生活和调整自己的功能，它不但能给人增添快乐，减少烦恼，还能帮助人战胜自卑的心理，摆脱心中的种种失落和不平衡，从而获得精神上的满足和愉悦。

事实上，学会自嘲会使一个人终身受用。当你在经济上受到不合理的待遇时，当你的生理缺陷遭到别人的嘲笑时，当你无端受到别人攻击时，你不妨采用阿Q的精神胜利法，这样能更好地调解失衡的心理。

第五节　虚心接受他人的批评

任何人在生活中都难免会做错事，做错事自然会受到批评，这是再自然不过的事情了。不过，不同的人面对批评会有不同的表现。有的人害怕批评或者不愿意接受批评；有的人对待别人的批评，满不在乎；有的人对待别人的批评，心怀不满；有的人对待别人的批评，恣意报复；有的人对待别人的批评，强词夺理，等等。形如这样的举止都是没有修养的表现。而那些能够虚心接受批评的人，都是领悟了低调真谛的人，他们总是会积极地听取批评，接受批评，然后在改正错误的过程中不断地完善自我。

传播公司总裁查理士·路克曼为巴伯·霍伯制作节目一年要花费百余万元。他从不看赞美节目的信件，批评的信却每封必看。因为他知道可以从中学到一些东西，改善一些缺陷。

薯片如今已经成为风靡于全世界各个角落的一种零食，而它其实正是“接受批评”的“产物”。

乔治是一名厨师，在纽约郊外著名的卡瑞月湖度假村工作。一个周末，度假村的客人非常多，乔治在厨房忙个不停。这时候，一位服务生端着一个盘子走进厨房对他说：“乔治，有位客人抱怨这道油炸马铃薯切得太厚了。”

乔治看了一下盘子，这跟以往的油炸马铃薯并没有什么不同啊。从来也没有客人抱怨过切得太厚，为什么这个客人如此挑剔。虽然他心中有些不快，但他还是心平气和地重新炸了一盘切得比较薄的马铃薯，让服务生送了过去。

没想到，几分钟后，服务生又气呼呼地端着盘子走回厨房，对乔治说："我想那位挑剔的客人一定是生意上遇到了困难，然后将气借着马铃薯发泄在我身上，他对我发了顿牢骚，原因还是嫌马铃薯切得太厚。"

这时乔治在忙碌的厨房里也很生气，从没见过这样的客人！但他还是忍住了脾气，静下心来，耐着性子将马铃薯切成更薄的片儿，之后放入油锅中炸成了金黄色，捞起放入盘子后，又在上面撒了些盐，然后第三次请服务生送过去。

没过多久后，服务生又端着盘子走进厨房。但是，这回盘子里空无一物，服务生对乔治说："客人满意极了。餐厅的其他客人也都赞不绝口，他们要再来几份。"

从此，这道薄薄的油炸马铃薯成了乔治的招牌菜，此后发展成各种口味，今天已经是全世界不同地域的人都喜爱的休闲零食了。

批评实际是对完美的追求提意见。如果乔治没能忍住客人的挑剔，不能虚心接受批评，恐怕现在人们就吃不到这么美味的薯片了。一个低调的人善于听取批评，这既是对别人的尊重，也是对自己的爱护。因为这不仅是一种自强不息、积极进取的精神风貌，还是一种豁达、开明的思想方式。所以说，有时候批评自有批评的道理，如果你能在面对批评时，冷静、克制地静下心来，仔细想一想，也许能在看似不成功的表现中，找到自己进步的阶梯。

第六节 以平常心看待胜败

平常心是人们对待事物的一种心态。不管你取得多么大的成就都不要炫耀，一定要保持隐藏自身光芒的心态。需懂得“树大招风，必有后患”的道理。只有正确地权衡成败得失，才能拥有低调为人的心态。

俗话说：“花无百日红，人无千日好。”越是功勋显赫、权高位重的人，越要低调行事，越要懂得居功不自傲、得意莫忘形的道理。那些“只进不退，见好不收”的人，历来屡见不鲜。而那些居功不自傲者却总是能恪守一方清静，换得一份安宁。

郭子仪是唐朝的名将，被封为汾阳王，权倾朝野，可谓一人之下，万人之上。然而，汾阳王府自落成后，郭子仪便命下人每天都要将府门大开，任凭人们自由地进进出出。

一天，郭子仪帐下的一名官，将要调到外地任职，前来辞行。他知道郭府百无禁忌，就一直走进了内宅，恰巧看见郭子仪的夫人和他的爱女正在梳妆打扮，而郭子仪正在一旁侍奉她们，一会儿递毛巾，一会儿端水。郭子仪被妻女像“奴仆”一样呼来喝去。此后，一传十，十传百，整个京城的人都把这件事当成笑话来谈论。

郭子仪的几个儿子听了觉得很丢面子，便跪求郭子仪，希望他收回大开府门的命令。此时，郭子仪却语重心长地对他们说：“我敞开府门，任人进出，不是为了追求浮名虚誉，而是为了自保，为了保全我们全家人的性命。”儿子们闻听此言很是诧异，忙问其中原委。

郭子仪叹了一口气，说道：“你们光看到郭家显赫的声势，却没意识到这声势有丧失的危险。我爵封汾阳王，往前走，再没有更大的富贵可求了。月盈而蚀，盛极而衰，这是必然的道理。如果我们紧闭大门，不与外面来往，只要有一个人与我郭家结下仇怨，诬陷我们对朝廷怀有二心，就必然会有专门落井下石、陷害贤能的小人从中添油加醋，制造冤案。那时，我们郭家的九族老小都要死无葬身之地了。”

任何人在成功时都不能居功自傲，不可得意忘形，而在失败时，我们要沉得住气，这样才有从头再来的机会。

总之，任何事物都有两面性。不管你得意也好，失意也罢，都只是人的一念之差。明白这个道理，才不会在成功时，嚣张、狂妄。而一个得意不忘形，居功不自傲的人，常常带给人们的是一份冷静和祥和。

PART 2 第二章

低头的人生智慧

DI TOU DE REN SHENG ZHI HUI

每个人都应该时时处处学会低头，懂得低头也敢于低头。如果肩膀所承受的生命之负荷过于繁重，不妨低一低头，卸去那份多余的沉重。在面对自己的缺点和错误的时候，也要学会低头。只有学会低头，才能正视自己的不足，才能想办法去克服缺点，改正错误。可以说，学会低头，你也就学会了一种处世的智慧。

第一节　低头实际为了抬头

低头是一个人的处世态度，它表现了一个人的智慧，也表现了一个人的勇气。事实上，低头也是为以后的抬头储存足够的力量。

如果一个人不分时宜不分场合，一味地刚强，一味地硬撑，只会给自己带来不必要的伤害甚至牺牲，只有做到刚柔并济，懂得低头，才能保护自己。

富兰克林是美国著名的政治家、科学家，被誉为“美国之父”。他年轻的时候，有一次去拜访一位德高望重的老前辈。在进入老人的屋子时，他挺起胸膛大步流星，结果“砰”的一声，额头重重地撞在了门框上，顿时肿了起来，疼得他哭笑不得。老前辈看到他这副样子，笑了笑说：“疼吧？可这是你今天最大的收获。一个人要想洞察世事，练达人情，就必须时刻记住：该低头的时候一定要低头。”

从此以后，富兰克林把这次拜访当成了一次悟道，他牢牢记住了老前辈对他的教导，把“低头”作为毕生的为人处世的准绳，并且在以后的日常生活和政治生涯中加以恪守，最终取得了成功。

这就好像是庄稼地里的稻谷，越是籽粒饱满的稻穗，越是弓下身子，把头垂得很低；而在稻田里那些趾高气扬、挺胸抬头的都是些秕子，无论谁走到它们跟前，永远是一副高高在上的样子。但是起风的时候你会发现，越是低头弯腰籽粒饱满的稻子，越会沉稳不动，越是那些平日里趾高气扬的秕子，越会随风肆意摆动。所以说，低头，既是一种明智的处世态度，更是一种难得的智慧。学会低头，也就学会了如何向成功迈进一步。

曾经有一个年轻人问大哲学家苏格拉底："大家都说你是世界上最有学问的学者，那你能不能回答我一个问题呢？"在得到大哲学家的同意后，这位青年问道："请你告诉我天与地之间的距离是多少？"苏格拉底听完以后，微笑着开口道："三尺。"

"不可能，我们每个人都有五六尺高，如果天与地之间只有三尺的距离，那人还不得把天空戳出许多个窟窿眼儿来？"青年反驳道。

苏格拉底继续微笑着说道："是啊，凡是高度超过三尺的人,如果想立于天地之间，就要学会低头。"

看来，每个人都应该时时处处学会低头，我们要懂得低头也敢于低头。如果肩膀所承受的生命之负荷过于繁重，不妨试着低头，卸去那份多余的沉重。在面对自己的缺点和错误的时候，也要学会低头。只有学会低头，才能正视自己的不足，才会想办法去克服缺点，改正错误。可以说，会低头，你也就学会了一种处世的智慧。

西汉的开国功臣韩信，年轻的时候，在集市上遇见了本村有名的小混混，他们当众羞辱韩信，最后那个头儿还要韩信从他的胯下钻过去，才肯放了韩信。这个时候，韩信有两种选择：忍辱或者反抗。如果反抗，韩信势单力薄，孤身一人，绝对不是这一群小混混的对手，一旦动起手来，很可能会有性命之忧。而如果低头忍受胯下之辱，那就需要忍受巨大的耻辱，更需要极大的勇气。

最终，韩信选择了低头，忍受了一时之辱，日后发愤图强，最终官拜淮阴侯，还被世人传下“大丈夫，可屈可伸”的佳话。由此可见，学会低头，懂得低头，敢于低头是一种多么大的勇气，而有了这种勇气，同时也激励着人们去抬头的决心。

俗话说，小不忍则乱大谋，在学习、工作、生活中，每个人都要谨记这句话。富兰克林和苏格拉底以及韩信，他们绝非是等闲之辈，让他们低头是何其容易？但他们之所以能低头，敢低头，会低头，那是因为他们在低头的那一刻，就坚信他们的头将来会有高高扬起的那一天，此时的低头，不过是做了一个休养生息、养精蓄锐的“缓冲”。

人生在世，难免遇到不如意，遇到事情一定要保持一个清醒的头脑。人在屋檐下，不得不低头，该低头时且低头。所以说，“低头”是一种以退为进的手段，是前进的缓冲方法。

可见，低头是一种积极向上的态度，它表现了一个人豪迈洒脱的气度。同时，低头也是一种智慧，它帮你审时度势，找到生存的技巧。除此之外，它还是一种勇气，帮你面对现实，起到坚定信念的效果。学会低头，可以为事业的成功增加砝码。学会低头，实际是为以后更好地抬头。

第二节　羽毛没丰满，一定要学会低头

每个人的一生，都是一个不断学习、不断进步的过程。纵观古今中外，但凡有成就的人，从来没有一人是生来就能取得成功，漫步青云的。他们大部分人在开始的时候都一无所有，在成长或者奋斗的过程中，他们虽然眼光长远，但从低处、细处着手，不断学习和总结经验，提升着自己，积蓄着自己的各种资源，为日后的成功打基础，建根基。就好像一只鸟儿，在羽翼丰满之前，埋头刻苦学习飞翔技巧，锻炼尚显薄弱的翅膀，为日后的一飞冲天、翱翔天际做着充足的准备。所以说，成事之人，定能在羽翼未丰满之前，学会低头，避开锋芒，积蓄力量。

战国时期，吴国和越国进行了一场大战。结果越国一败涂地，越王勾践成了吴王夫差的俘虏。为了能报国雪耻，越王忍辱负重，在自己的军事力量和国力都处于弱势情况下，为吴王夫差牵马拉绳，受尽屈辱。经过一些这样的事情以后，越王避开了吴王刀光剑影的锋芒，安全回到了自己的国家并找机会着手准备复仇的事情。在此后的一段时间，越王勾践放下身段，与百姓一起劳动，赢得民心；放下姿态，细听大臣们的时事意见，君臣齐心。这样过了几年，越国不管是从国力上还是民心上，都已经强大起来，而吴国却因为吴王迷恋女色，百姓收成困难，陷入了困境。于是越王找准时机，大举进攻，最终打败吴国，取得胜利，一雪前次战役之耻。

由此可知，不管是谁，大到一个国家，小到一个人，在强大的对手面前，在自己的力量不堪一击的情况下，一定要避开其锋芒，保存自己的实力，以低姿态的不作为迷惑对手，让其放松警惕；以低姿态的方式善待内部，让自己的团体团结一致，以获得最终的成功。

有一只学识渊博的长辈级的大鹦鹉带着一只正在茁壮成长但还未成年的小鹦鹉一道去鸟类学校讲课。大鹦鹉在讲台上讲课，小鹦鹉跟其他鸟儿们在下面听。如此几次下来，小鹦鹉想：讲课原来是这么简单的一件事情呀，我也完全可以去给大家讲课啊。于是，第二天上课的时候，小鹦鹉说服大鹦鹉，说自己要给大家讲课。

谁知它往讲台上一站，还未开口，下面的学生就议论纷纷，表示不要听它讲课，有的学生甚至展开翅膀，打算离开。在大鹦鹉的制止下，大家才安静下来。小鹦鹉继续讲课，在讲飞行理论的时候，最终因为自己从未飞行过，而使理论与实践联系不到一块儿，以致卡在那儿，尴尬无比。最终还是大鹦鹉帮小鹦鹉解围，亲自给大家做精彩纷呈的飞行示范动作，结束了这一堂课。

事后，大鹦鹉教导小鹦鹉说："你追求上进，想做一个讲师，这样的理想很好。但是在你达成这个目标之前，你必须要不断学习，不断进步，累积知识和经验。只有这样，你才能实现自己的理想，而不是在了解一些皮毛知识后就觉得自己可以胜任了。就好像你现在正在练习的飞翔，如果你不经过这一羽毛慢慢丰满起来的过程，不从一米到两米，到三米这样的刻苦训练，那么你最终不仅不能飞上天空，甚至连飞的本领都学不会。"

小鹦鹉听了，羞愧地低下了头。它对大鹦鹉说："我知道了，我只有在羽翼丰满前，不断埋头刻苦学习，一步一个脚印，才能实现自己的理想。”

大鹦鹉听了，微笑着点了点头。这件事情传到鸟王大凤凰的耳朵里，鸟王大凤凰觉得很有道理，于是颁下一条法令：鸟国中所有的幼鸟在羽翼丰满之前，一定要学会低头。要埋头苦学飞行的知识，并将理论结合实践，实现飞行的梦想。

鸟儿们尚且知道这一简单的原理，我们人类就更应该知道，在社会活动和个人发展中，也更应该遵循这样的一个原则。

俗话说：“木秀于林，风必摧之；石高于岸，流必湍之。”个人在自己羽翼未丰，实力不够强大之前，如果处处显能示强，这样不仅容易引起大家的妒忌和猜疑，也不利于自身的自治和警醒。

所谓“韬光养晦”就是强调一个人或者一个国家在面对强大对手的时候，一定要注意隐藏好自己已有的实力。并且在这层外衣下，继续发展自己还未拥有的能力，避免陷入“以卵击石”的境地，从而落得不自量力的名号。只有在自己的能力和实力达到相应的程度，适时地参与实践中，并且在这个实践中充分展现自己的本领，才能出其不意地取得成功。

无论是一个人，还是一个国家，都要学会在自己羽翼未丰之前，学会低头，学会忍耐，避开对手的锋芒，保存自己的实力并不断发展，以便取得最终的胜利。

第三节　死要面子结果是活受罪

俗话说："人活一张脸，树活一张皮。"很多人都认为，面子是非常重要的。很多人也都知道，有面子就等于有尊严，没面子就是低人一等，会受人歧视。人活着就为一张脸面，好脸面无可非议，没脸没皮的人肯定是会遭人轻视的。但有的人往往因为要面子问题而使自己受委屈，这就叫"死要面子活受罪。"

有这样一个故事：齐国有个人有一妻一妾，家里条件很一般。他每次外出，都会酒足饭饱地打着嗝儿回来。妻子问他都和什么人在一起吃饭，他大言不惭地说是跟镇里的达官贵人们一起吃的。于是妻子跟小妾说："丈夫出去，每次总是吃饱喝足才回来，我问他都和谁一起吃饭，他说全是有钱有势的人。但咱们家里并不富裕，也不曾和富贵的人来往，我想偷偷地跟着他，看看他到底是去什么地方、和哪些人一起吃饭。"

第二天早晨起来，等丈夫出门后，妻子便悄悄跟在他的后面盯着，看他走遍全城也没有一个人站住和他说话，最后他来到城东边的坟地，走到祭祀的人跟前，向人讨要祭祀剩下的食物。觉得不够，他又四处张望，到另外祭祀的人家去讨要，原来这就是他填饱肚子的办法。妻子看了很生气，回来如实告诉了小妾，气愤地说："丈夫是我们终身依赖的人，没想到他竟然是这样的人。”于是就跟小妾一起骂丈夫，骂完，两人对泣。丈夫还不知道，从外面回来的时候，依旧高高兴兴，对着妻子和小妾表现出一副高傲的神情。正所谓：“好吃懒做没志气，好大喜功装徒弊。一事无成百事衰，混来混去害自己。”

这个故事虽然很可笑，但它赤裸裸地揭露了既游手好闲又好面子之流的弊病。当今社会也不乏这样的人，好逸恶劳是他们的通病，好面子是他们致命的弱点。他们既想享受富贵的生活，又想不劳而获，所以只好想一些歪门邪道来解决生存危机，恬不知耻地过着所谓奢侈的生活。当时似乎挺有面子，但浮华过后，自己走进死胡同，那时才捶胸顿足，可是已经晚了。试问这样的面子还值几个钱呢？

俗话说：“一分耕耘，一分收获。”不付出哪儿能有回报？总想靠旁门左道捞取好处，哪儿能不吃亏？升官发财固然好，有面子，但不能投机取巧，要通过正当手段来谋取。“君子爱财，取之有道。”通过正当渠道得来的钱财，心安理得地去消费，靠辛勤拼搏换来的富贵生活，问心无愧地享受，就不会有东窗事发，老底被揭的尴尬局面了。

面子既能成全人，也能毁了人。有时候，求人办事好说“给个面子”，但有些事给面子好使，如果违法乱纪的事给面子就麻烦了。你给了人家面子，把事给办了，结果最后自己吃不了兜着走，这样的面子就把人毁了。有些人为了一己私利，也为了满足虚荣心，不惜一切代价要个面子。却不知这是给自己戴上假面具，套上枷锁，活得极不真实，也很累。在中国古代，更有这样一个因为要面子而导致亡国的愚昧人。

周朝的周幽王是一个很好面子的人。他有一个爱妃叫褒姒，是有名的大美人儿，深得周幽王的欢心。但是她很少笑，一笑起来就倾国倾城。一天，褒姒对幽王说："大王，最近我很闷，咱们想点儿办法逗逗乐子吧。"幽王绞尽脑汁也想不出博得褒姒开心一笑的办法。褒姒就说："大王，要不咱们戏弄一下你的诸侯们吧。"说罢，将自己的主意告诉了幽王：在城头上点燃烽烟，让各地诸侯们以为这里军事告急，赶紧奔赴前来救主。

对于这种情况，任何一个明智的君王都知道，这样的国家大事是不容开玩笑的，但周幽王为了显示自己是这个国家的君王，拥有至高无上的权力，更为了博取美人一笑，不顾大臣们的阻拦，命令手下点燃了狼粪，向的诸侯们发出求救的信号。

如此一来，各地诸侯见到狼烟立刻带领军队，快马加鞭地赶往幽王居住的城楼。当诸侯们人仰马翻、疲惫至极地赶过来，却并没有见到入侵的外敌，只有幽王和褒姒在城楼上哈哈大笑。褒姒看见诸侯们灰头土脸、焦灼莫名的神情更是忍不住笑靥如花。

幽王觉得自己逗笑了美人，颇有面子，也是喜不自禁，但他却忽视了诸侯们恼怒的心情。如此反复了三次，诸侯们疲惫不堪，褒姒却笑得花枝乱颤，幽王也是面上无比荣光。等到外敌真的入侵时，周幽王赶紧命令部下燃起烽烟召唤诸侯，诸侯们以为又是大王在戏弄自己，全都按兵不动，于是后果可想而知。

周幽王为了向褒姒证明自己的权力和能力，博她一笑，显示自己的面子有多大，最终却误人误国，丢掉了自己的性命。

事实证明，面子固然重要，但不必为了没意义的面子让自己受苦遭罪，最明智的办法就是依据自己的力量顺其自然，不刻意显摆自己的地位和争取所谓的面子，言行有礼，平和对人，尊重他人，这样也会赢得他人对自己的尊重，就等于为自己赢得了面子。

第四节　拿出耐心把“冷板凳”坐热

无论是谁，即便你的能力再强、机遇再好，也不可能保证你一辈子都会一帆风顺。在人的一生中，会遇到很多形形色色的困难和挫折。有时候在工作当中，你认真工作，辛勤付出，但最终的劳动成果却被他人摘取，而你所做的一切不过是在为他人作嫁衣。这样，你就有可能得不到上司的重用。遇到这样的情况，你会甘心吗？

有一个公司职员，他刚开始进入公司时很受老板赏识，但是后来几个月，他觉得自己好像被老板“冷冻”起来了，也不知道自己到底犯了什么错误。在接下来整整一年的时间中，老板既不召见他，也不给他分配任何重要的工作。他只能忍气吞声地待着，继续努力工作，按时按质按量地完成自己的任务。就这样过了一年，老板终于又召见了他，并且给他升职加薪。同事们都很佩服他，说他终于把“冷板凳”给坐热了。

在日常工作中，每个人都会遇到这样的情况。一般来说，比较常见的有以下几种情况：

1.自己本身能力不佳。如果一个人的自身能力有限，只能做一些无关紧要的事，但也没差到开除的地步，此时，老板和同事会觉得此人可有可无，当然就不会重用此人了。

2.办事马虎，经常出错或者犯错严重。在学校里求学，出了错向老师认个错，然后再加以改正，一般就可以了。但是，在社会上做事却不比在学校。虽然在工作中不可能不出错误，但如果你总是出错，或者犯的错误太大，让公司遭受了较为严重的损失，会让老板和同事对你失去信心。因为他们不想冒更大的风险，所以只好暂时把你搁置一边。

3.老板或上司有意考验。一个人如果想要做成大事，就必须有勇气去接受挑战，有能力处理繁杂的工作，同时也要有身处孤寂的韧性，更需要坚韧不拔的耐心。对于老板来说，有时候培养一个人，除了让他工作之外，也有可能让他无事可做，一边观察，一边训练。

4.上司的个人好恶。这种情况基本上没什么好说的，也没什么道理可讲，反正上司或老板突然不喜欢你了，你也没辙，只好坐“冷板凳”，等到他慢慢开始喜欢你。

5.冒犯了自己的老板或上司。如果你的老板或上司宽宏大量，他可能对你的冒犯不大在意。但人都是喜欢被夸奖，不喜欢被顶撞的。所以，如果你在言语或行为上冒犯并惹恼了上司，你就有可能坐“冷板凳”。

6.威胁到老板或上司的地位。如果你的能力太强，又总是喜欢表现自己，处处显示自己的能耐，这样会让你的上司或老板失去安全感，怕你对其位置形成威胁——老板怕你夺走商机去创业，怕你夺了他的位置，所以你也有可能坐“冷板凳”。

7.人际关系的影响。一般来讲，工作中每个人都是处在一个团队之中，很少有孤军奋战的。在团队中就面临着人际关系的问题，要做好自己的工作，就必须要处理好你与老板以及同事的关系。在团队关系复杂，小人险恶的环境下就得更加小心。如果你不善斗争，就很有可能莫名其妙地失势，并坐上“冷板凳”。

8.大的环境发生了变化。俗话说：“时势造英雄。”很多人的发迹是由于当时的大环境所致，如果某个人的某些条件适合当时的环境，他有可能在当时就受到重用。但如果时过境迁，个人能力与大环境不再协调匹配的时候，他就只好坐“冷板凳”了。

坐冷板凳的原因还有很多，以上只是一些常见的原因分析。有些人坐上“冷板凳”后，只知道整天抱怨、意志消沉，而不去仔细思考其中的原因何在，也不去找相应的解决办法，长此下去，反倒害了自己。其实，与其坐在“冷板凳”上自怨自艾、疑神疑鬼，还不如调整好自己的心态，用行动向他人证实自己，用耐心好好把冷板凳坐热，为自己重新获得上司的赏识做好准备。

你在坐“冷板凳”时，一定要有耐心和恒心，有把“冷板凳”坐热的想法。并且在这过程中要采取一些可行的措施，比如：

1.提高自身的能力。当你得不到重用时，正好可以利用这一时机广泛收集各种信息、吸取各种知识，以此增强自己的实力。一旦时运到来，便可升得更高，显得更加耀眼。在你坐“冷板凳”期间，别人也许正在观察你。如果你自暴自弃，恐怕是坐到屁股结冰了，你也难以翻身。

2.为人谦卑，建立良好的人际关系。很多人都有一种落井下石的劣性，当你坐上“冷板凳”后，你的朋友可能同情你，想办法帮助你，但某些平时对你不满的人可能就要高兴了，他们希望你永远站不起来。所以，当你身处不利环境时，要学会以一种谦卑的态度广结良缘，切莫提当年之勇，这样没有任何意义。而且，“当年之勇”也会使你更加感到自己“怀才不遇”，只能徒增自己的苦闷而已。

3.更加敬业，一刻也不要疏忽自己的工作。尽管你坐上“冷板凳”后，所做的事可能微不足道，但也要一丝不苟地完成任务。要知道，很多人都在冷眼旁观，给你打分，如果你做得很好，他们也就无话可说了。

4.学会克制与忍耐。一个人要有韧性，也要有忍劲儿，能忍受闲气、忍受他人的嘲弄、忍受寂寞、不甘沮丧，忍受虎落平阳被犬欺，并且相信黑暗过后终是黎明。

总之，不管因为什么原因坐上“冷板凳”，在这期间你一定要有耐心，利用这一机会好好训练自己的韧劲，磨炼自己的心志。当你把冷板凳坐热了，就会有新的局面了。此外，很多人都喜欢锦上添花。当你把冷板凳坐热后，自然会得到很多赞美，赢得他人的掌声，让人敬佩。反之，倘若你不能将“冷板凳”坐热。那么，你可能正中某些人的下怀，被人看轻。所以，坚持就是胜利，要用自己的耐心和毅力，去把“冷板凳”坐热，迎接新局面，才有机会获得发展。

第五节　不做沽名的“霸王”

毛泽东的诗里有一句“不可沽名学霸王”，这句诗告诫了当时的解放军在面对胜利之时要戒骄戒躁，保持清醒的头脑，这样才能顺利取得最后的胜利。无论是悠久的历史还是现实的生活，沽名的“霸王”都给人们带来了很强的警示作用。

项羽出身名门，在年少的时候就有大志。有一次，秦始皇在会稽游玩，一路随行声势浩大，场面壮观，尽显王者风范。项羽看见这种场景，脱口而出：“彼可取而代之。”就是说“我项羽可以取代他秦始皇的位子”。由此可见，项羽少年时候就是个心存霸业、好大喜功之人。

秦亡国以后，项羽自称“西楚霸王”，与刘邦争夺天下。大大小小的战役之后，却是刘邦终成霸业，一统天下。这样的结局并不是偶然的，其中有其必然性。后人在评价项羽的时候虽都称其为英雄，但也深刻意识到，他的失败是因为其以“妇人之仁”沽名钓誉，不杀刘邦，养虎遗患，以致功败垂成。

“不可沽名学霸王”是用来比喻采取某种不正常的手段去得到或者强迫别人去接受。例如某些店家在进行销售的时候就采取了这样的方式。

在餐饮行业中，以前存在“吃霸王餐”一说，而现在则有商家实行“霸王条款”。根据采访调查，有很多餐厅在节假日会推行“最低消费”，消费者根本就没有选择的余地。另外一些商家则采取“吃多少元送多少元”的现金券，而当顾客下一次使用该券的时候，店家就会以“限制时段使用”、“只针对某些特价菜使用”等诸多理由进行搪塞，还理直气壮地指着返券背后的“本券解释权归本店所有”等字眼，来作为进一步说服的依据。其实，对于消费者来说，店家的这些单方面规定，都属于“霸王条款”，以浑水摸鱼的方式进行不合理的收费。长此以往，消费者会认为自己受到欺骗而不愿意光顾，这样对于餐厅的长久营业和发展都是不利的。

对于餐饮行业来说，有时候，适当地站在消费者的角度考虑，放弃“霸王条款”，不过分地唯利是图，让消费者处于上帝的位置，自己处于服务的位置，本分本色地服务，采取正确的营销方式来为自己留住顾客，就会铺好赖以生存和长远发展的基石，这是极其重要的。

“金无足赤，人无完人。”每个人都有自己的缺点和不足，遇到自己做得不好的地方要学会示弱，这是一种诚实的生活态度。这种态度会帮助你获得更多的知识和经验，并且发展许多人脉。反过来，如果觉得自己在这方面很强，因而表现得极其嚣张，势必遭到别人的厌弃。甚至有的人为了所谓的面子，就自充“霸王”，最后的结果往往是尴尬收场。

因此，不管是为人还是处事，都不能以沽名钓誉或者某种不正当的手段去获取利益，这是不好的行为，每个人都应该摒弃它。如果你能摒弃“沽名学霸王”的念头，就可以避免“捡了芝麻丢了西瓜”的事情发生。

第六节　善于在夹缝中求生存

现实是一个大夹缝，每个人都是在夹缝中求生存的，没有谁能完全在生活里游刃有余。但是，在夹缝中也会看到一片天，支撑着你向更广阔的天空翱翔。

在当今的市场经济中，一个显著的特点就是竞争激烈。在渐趋白热化的竞争中，有一种说法叫做“要生存占两头”：或者做大做强拼实力，或者依靠船小好掉头，那些夹在中间不大不小的企业往往不被人看好。而很多不大不小的企业，却独辟蹊径，通过走“中间道路”，也闯出了一片新天地。

一个企业，要想在激烈的市场竞争中赢得一席之地，首先要正确分析自己在同行业中所处的位置，了解自己有哪些优势，做到知彼知己、大局在胸。然后，如“田忌赛马”那样，用自己之所长，攻他人之所短，避开大路走两厢，不要跟比自己强大的、企业直打硬拼。

企业如此，每个人也是一样。在广大的社会中，每个人都是非常渺小的。因此，合理地规划自己的职业生涯，是你获得成功的关键。

一位自幼患脊椎炎而导致残疾的女性朋友就用自己的亲身经历印证了这句话。虽然身为一个残疾人，但她的一生却比许多正常人还要丰富多彩。她说，性格决定命运，智慧决定命运。正常的路都被堵死了，那就要像小草一样在夹缝中生存。

她在4岁那年患上了脊椎炎，在石膏床上一躺就是4年。从石膏床上下来，她就开始拄着双拐走路。那时，她还不知道这意味着什么，因为在幸福的学生时代，老师和同学们从来没把她当做残疾人看待过，从来没有歧视过她。从上小学开始，她各方面都很努力，不仅学习成绩优秀，还担任少先队大队委员。上初中第一天报到的时候，她就被老师扶上讲台，代表所有的新生讲话，看着台下那一大片注视的目光，她感觉无比自豪。她从小就善于思考，每次班里有别的老师来听课，老师总是会叫她起来回答问题，让同学们羡慕不已。

但就是这样一个品学兼优的孩子，在面对人生第一道坎——考大学时，却被命运残忍地抛弃了。虽然成绩远远超过了录取分数线，但因为身体的残疾却被告之无法入学。第一次，她刻骨铭心地感受到自己不是一个“正常人”。

此后，找工作、找对象都因她的残疾而屡屡受挫。每次找工作，她不是被婉言拒绝，就是被冷落在一边。她不断给当地有关部门写信，表达自己渴望为社会出一点儿力的愿望，终于在24岁那年她获得了第一份工作，做街道上的出纳员。

她早出晚归，勤勤恳恳地工作，而得到的报酬却比别人少得多，那种被歧视的感觉再次涌上她的心头。后来，终于在有关部门的安排下，她当上了誊印厂的刻版工，只用双手和大脑，每天描图、刻钢板。在别人眼里十分枯燥的工作却使她感到如获至宝，也使她和汉字书法开始结下了不解之缘。

后来，当心理学在社会上还是个冷门学科时，聪明的她已经敏锐地意识到，随着独生子女家庭的增多，孩子的心理教育问题将成为备受关注的社会问题。而且，她还独辟蹊径，将心理学和自己熟悉的汉字书法联系在一起，创造出一套心理学书法的理论。

教人练习书法，是再普通不过的事情；给人做心理咨询，也不是什么新鲜事儿；而一位拄着双拐的残疾人，却将心理学和我国传统的汉字书写融为一体，办起了“书写与心理培训学校”，从而实现了自己的人生价值，就不能不说是一个传奇了。

足不出户，活得却比常人更精彩。她说：“俗话说，虱子多了不咬人，所以，困难多了也不压人。遇到困难，唯一的选择就是面对。”

生存的道路需要自己去寻找，而独辟蹊径，在夹缝中寻得发展是生存的典型例子。每个人也应该这样，珍惜自己的一切，学会克服不利环境，在困境中走出一片属于自己的蓝天。

第七节　低头等时机，不逞一时之能

每个人都有自己的小情绪，在遇到诸多的事情后，常常会因为争一口气，去逞一时之勇。然而，有时事与愿违，由于时机不成熟，导致事情的失败，最后使自己后悔莫及。反之，如果能低头等待时机，就有可能收获不一样的效果。

隋朝的时候，隋炀帝十分残暴，各地农民起义风起云涌。隋朝的许多官员也纷纷倒戈，转向农民起义军。隋炀帝的疑心很重，对朝中大臣，尤其是外藩重臣，更是易起疑心。唐国公李渊曾多次担任中央和地方官，所到之处，有目的地结识当地的英雄豪杰，多方树立恩德，因而声望很高，许多人都前来归附。这样，大家都替他担心，怕遭到隋炀帝的猜忌。正在这时，隋炀帝下诏让李渊到他的行宫去晋见。李渊因病未能前往，隋炀帝很不高兴。当时，李渊的外甥女王氏是隋炀帝的妃子，隋炀帝向她问起李渊未来朝见的原因，王氏回答说是因为李渊病了，隋炀帝又问道："会死吗？"王氏把这消息传给了李渊。李渊更加谨慎起来，他知道隋炀帝对自己起疑心了，但过早起事又力量不足，只好低头隐忍，等待时机。于是，他故意广纳贿赂，从而败坏自己的名声，整天沉溺于声色犬马之中，而且大肆张扬。隋炀帝听到这些，果然放松了对他的警惕。

试想，如果当初李渊不主动低头，或者头低得稍微有点儿勉强，很可能就被正在猜疑他的隋炀帝给除掉了，哪里还会有后来的太原起兵和大唐帝国的建立呢？

“智者善屈尊，愚人强伸头。”商人总是隐藏其宝物，君子品德高尚，而外貌却显得呆愚。必要时要藏其锋芒，收其锐气，不要不分场合地展示自己的才能，让人一览无遗。要明白，你的长处短处一旦被别人看透，就容易被人操纵。相反，采取低姿态能得到信任。所以说，屈尊、低头是一种权衡，更是一种智慧。

孔子与门生对话的时候，非常喜欢赞美颜回的德行。一向自认为自己是最勇敢的子路，听了孔子的话以后就问：“如果老师带领军队出去打仗，会带谁一起去呢？”子路这句话是暗示老师：颜回体弱多病，是根本没有用处的，要带就一定要带我这个最有勇气的人去。孔子马上回答说：“只知赤手空拳与老虎搏斗，这种逞匹夫之勇的人，我绝不可能与他一起去。你不管是做什么事情，都一定要经过周密的计划和缜密的思考以后，才可以付诸实行。”子路听了以后，虽然感到心里不好受，但是也找不出任何反驳的理由。

不可以逞一时之勇，不能像一只固执的蜻蜓想从玻璃上钻过去一样。要想达到目标，一定要懂得运用你的智慧和耐心。你可以暂时屈就于你不喜欢的职业，你也可以暂时应付一下你所讨厌的人或者轻视的人，你可以暂时走进一个黑洞里，只要你别忘记从它的另一头钻出来。只要你时刻都明白这一切仅仅是手段，但不是你的最终目的，你就用不着难过与灰心，也用不着在意自己周围的人是如何批评或者嘲笑自己的。

松下先生也曾有过这样的经验。在他刚开始创业的时候，因为竞争非常激烈，其他公司便不断地压低价格以求抛售货品。那时，松下先生还非常年轻，心里想："事到如今，只有和他们拼了，这样才不会输给同行业。"结果，为了这件事他跑去与加藤大观师傅磋商。大观师傅说："如果公司只有你一个人，你大可以这么做。但是你还有那么多的属下，他们又都有家眷。身为公司的负责人，竟然要逞一时之强，这样不就连累了你的属下吗？"

松下听后，觉得这话非常有道理。经过再三思考，他决定放弃和别的公司竞相抛售货品的想法。果然，不久后，顾客都反过来信任他，所以他最后才能获得现在的成功。

我们说，领导者是需要有勇气的，但绝不是逞一时的匹夫之勇，而是一定要考虑该怎样行事方能妥当。如果确立了正确的目标后，就算有人前来阻挡，也要勇敢地向前进。也就是说，领导者需要的是在关键时刻的大勇，而不是为赌气而争的一时之勇。

人生都是多变的。有时，你看到的前方可能是绝路。但是只要你等待时机，就可能会出现希望。人生的道路是漫长的，你又何必执着于一时呢？要知道，逞一时之能的人是不会成为英雄的，只有善于变通，才有可能走出平坦的大道。

PART 3 第三章

想立足于天地就要低头

XIANG LI ZU YU TIAN DI JIU YAO DI TOU

人的一生中，总会遇到各种各样不尽如人意的事情，无论是来自自身的，还是来自外界的，都会令你烦闷不堪。一个人，如果想要成就一番事业，就必须面对挫折，学会适时低头，然后以坚韧不拔的意志克服重重障碍，直至把生命磨炼到最美的状态。只有这样，你的人生才会变得更加高贵。

第一节　放下架子会使高贵者更高贵

有人认为，把自己当做高贵的人是愚蠢的，而自己能放下架子、了解他人才是最聪明的。然而，高贵和卑微并不是人先天就有的，而是通过后天的处事态度和处世的技巧练就的。

五代时南唐有位画家叫钟隐，他从小喜欢画画，经名师指点，自己又刻苦练习，年纪轻轻就成了名。从此，家中的宾客络绎不绝。要是换了肤浅的人，遇到这种情况，一定会自鸣得意、沾沾自喜，可是钟隐对这一切都无动于衷，每天仍然在书房里潜心作画。

钟隐深知自己的山水画已经很有功力，但花鸟还很欠缺，要想画好，必须有名师指点。他四处打听哪里有擅画花鸟的名师高手，自己好前去拜师学艺。这一天，他与故人侯良一起喝酒，钟隐问侯良是否能给引荐个擅画花鸟的名师。侯良说："我的内兄郭乾晖就很擅长画花鸟。不过他性格古怪孤僻，别说收学生，就连自己画的画儿也不轻易给人看。更怪的是，他画画还总躲着人，恐怕人家偷学他的技法。"

钟隐倒觉得郭乾晖这个人很有意思，他如此保守，想必必有诀窍。可是，怎么才能接近他呢？这倒得费费脑筋了。钟隐四下打听，听说郭乾晖要买个家奴。

于是，钟隐打扮成仆人的样子，到郭府应聘去了。郭乾晖见钟隐长得非常机灵，就留下了他。在郭府，钟隐每天端茶递水，打扇侍候，什么杂活儿都干。向来只会写字画画的他虽然感觉现在很辛苦，但是一想到能够看到郭乾晖画的画，就有了坚持下去的动力。

为了能够亲眼看见郭乾晖作画，钟隐尝试了各种办法，坚持不离郭乾晖左右。可是每次作画的时候，郭乾晖不是让他去干这，就是让他去干那，总是想方设法把他打发走。就这样，钟隐虽然卖身为奴，但还是没有看到郭乾晖作画。

一连两个月过去了，钟隐还是一无所获。几次他都起了走的念头，但心中又总是还有一线希望使他留下来。

钟隐没有把自己卖身为奴学画的事情告诉任何人，连他的妻子也只知道他是出远门去会朋友。钟隐毕竟是个名人，每日高朋满座，可这些日子，朋友来找他，家人都说他出门了，问去哪儿了，又都说不知道。时间一长，人们就起了疑心。最后连家人也变得疑心重重，特别是钟夫人，表示非要把他找回来不可。

一天，郭乾晖外出游逛，听人家说名画家钟隐失踪了两个月，连家人也不知他去了哪儿。再听人家描述钟隐的岁数和相貌，跟家里的那个年轻人相像，他也正好来家里两个月。“怪不得他总想看我作画呢！”郭乾晖恍然大悟，急急忙忙地跑回家，把钟隐叫到书房里，说道：“你的事情我全知道了。为了学画，你不惜屈身为奴，实在使老夫惭愧。我多年来不教学生，自有我的道理，今天遇到你这样虚心好学的青年，我也不能不破例，将来你会前途无量的。”

就这样，钟隐以执着的求学精神感动了郭乾晖，名正言顺地成了他的学生，郭乾晖也把自己多年的体会和技艺毫无保留地传授给了钟隐。

钟隐因为拜师学艺，不惜自降身价，卖身为奴，他这份诚挚的心意终于打动了执拗的郭老前辈，最终获得了学画的机会。由此可见，放下架子并不会让我们变得卑微，懂得低头也并不是一种懦弱。所以，当我们急于出头或急于求成时，不妨学习一下钟隐，放下自己的身段，潜心求学，这样我们才能拥有更多的收获，离成功更近。

在生活中，总是有人担心如果自己降身份会被他人嘲笑和贬低。其实，这样的顾虑是错误的。通常情况下，人们评价一个人是高贵还是卑微，不会只看到他的身份和地位，而是更注重他的品行和道德。路边上的乞讨者，即便衣衫褴褛、身无分文，可当他把乞讨来的钱捐给更需要的人时，没有人会觉得这个乞丐是卑微的。身着名牌、打扮得体的绅士弯腰递给乞丐钞票，只会让人觉得绅士有教养而不是“掉价”了。

因此，一个人的高贵来自后天的修炼，是指一个人的心灵的表现的是内在美；而一个人的卑微，也是来自于人的心灵。每个人都有一颗高贵的心，只是需要有追求才能实现。倘若你能让自己的心灵绽放出美丽的光辉，你的人生也会变得更加高贵。

第二节　鹤立鸡群必被鸡啄之

俗话说："出头的椽子先烂。"这是客观世界中的事实。出头椽子总是比不出头的椽子要承受更多的风吹雨打，日复一日，年复一年，自然也比别的椽子要腐烂得早。同样的道理也适用于我们的生活，那些喜欢高调地炫耀自己成就的人，往往更容易遭到别人的嫉妒，自然要承受更多的舆论压力。所以，人们在风光尽显之时，一定要学会用低调的心态来保护自己，否则，就有可能将自己置于死地。

西汉有位官员叫杨恽，重仁义、轻财物，为官廉治奉法，大公无私。可正当他官运亨通、春风得意的时候，因为有人嫉妒他位高名显，便在皇帝面前告了他一状，说他对皇帝陛下心怀不满，表现得那么出色是为了笼络人心，图谋不轨。

皇帝当然厌恶有人和他唱对台戏，尤其不能忍受别人意图谋权篡位。经人这么一告发，皇帝气得顾不上调查，就把杨恽贬为平民。

原先做官时，杨恽就想添置家产，但是怕别人说他不廉政，现在下野了，反倒乐得轻松。他以置办财产为乐，在每天忙忙碌碌的劳动中得到快慰。

他的好朋友孙会宗听说了这件事，感到可能会闹出大事来，就写了一封信给杨恽，信里说："大臣被免掉了，应该关起门来表示'心怀惶恐'，装出可怜的样子，免得人家怀疑。你不应该置办家产，搞公共关系，这样容易引起人们的非议。这要是让皇帝知道了，不会轻易放过你的。”

杨恽很不服气，回信给老朋友说：“我自己认为确实有很大的过错，德行也有很大的污点，理应一辈子做农夫。农夫很辛苦，没有什么快乐，但在过年过节杀牛宰羊，喝喝酒、唱唱歌，来慰劳自己，总不会犯法吧！”虽然说“身正不怕影子歪”，可是人心叵测，就是有人把他视为“眼中钉”、“肉中刺”，再一次向皇帝告发，说杨恽被免官后，不思悔改，生活腐化。而且，最近出现一次不吉利的日食，也可能是由他造成的。

皇帝大惊，急忙下令迅速将杨恽缉拿归案，以大逆不道的罪名将他腰斩，还把他的家眷流放到酒泉。

悲剧的酿成，就是因为杨恽不懂得低调保身的哲学。免官之后，他应该接受友人的劝告，采取低调的策略，装出一副诚惶诚恐的可怜样子，这样就不会给别人落下话柄。可杨恽非但没有接受教训，还置办家产，广交朋友，风光度日，这不是“树大招风”，自植祸害吗？所以，如果你已经从高处跌向低谷，就应该适应低处的环境，调整自己处世的方式。即使你是一只“鹤”，如果已经进入了“鸡群”，也要懂得低下你长长的脖子。

通常情况下，人们所说的“鹤立鸡群”有两层含义：

1.为人优秀，在人群里非常引人注目。这样的人很容易吸引众人的目光，也很容易发达，可是另一方面也会因为注意你的人太多而要承受过多的压力，遭人嫉妒或者被人平添许多莫须有的罪名，致使让你的精神备受打击。同样的错误，放在别人身上也许会被原谅，可是放到优秀的人身上就会被无限放大甚至招来祸端；同样的事情，别人可以轻松去做、去享受，而当很受人关注的人也去做的时候，就会被人指点和批评。因此，越是春风得意之时，就越要经常反躬自省、不显不露、低头做人，只有这样才能减少别人投放在我们身上的目光，减少自己所承担的压力，从而让自己的生活变得轻松。

2.曾经是鹤，被无情打压和排挤过后，失去了先天的优势，不得不在鸡群里委屈地生活。也许你会觉得，自己的经历完全可以应付现在平淡的生活，也完全可以在“鸡群”里崭露头角，可是不要忘记，人们总是习惯于从自己的利益角度来看事物。如果你做了伤害他们利益的事情，他们就会把你曾经的经历当作把柄来攻击你，毕竟在他们的眼里，你已经风光不再，甚至还可能是敌人。所以，即使是落井下石，他们也不会介意。

无论是哪种情况，只要是鹤立鸡群，鹤永远都是处于苦难的边缘。只有学会低调，不让别人感觉到你是异类，才能逃离一些不必要的折磨。

第三节　矮人一截并不代表身份掉价

在这里，“矮人一截”的“矮”不是指个头“矮”，而是指低头做人，是指取得成就时的不张扬，与人发生冲突时的忍让，帮助别人时的不炫耀，在人群中的不显露。低头做人者不显山、不露水，不让别人觉得自己“高人一等”，但也不会因为自己的忍耐和退让而让人觉得他们就是“低人一等”，他们会用自信、自尊来维护自己的尊严。

保险公司的股东会成员吴芳在谈论自己的成功时说：“她所卖出的数额最大的一张保单不是在她经验丰富后，也不是在觥筹交错中谈成的，而是在她第一次推销的时候。”

吴芳在向一家大型企业推销保险时，心里不免有点胆怯。因为那是她的第一次推销，再三思虑后，她壮着胆子走进那家公司的经理室。

“你找谁？”他的声音很冷漠。

“您好，我是保险公司的业务员，这是我的名片。”吴芳双手递上名片，心里有些发虚。

“推销保险？今天已经是第三个了。谢谢你，或许我会考虑，但现在我很忙。”这个经理的发音直直的，像线一样，听不出任何感情色彩。

吴芳本来也不指望那天能卖出保险，所以毫不犹豫地说了声“打扰了”就离开了。

如果不是她走到楼梯的拐角处时下意识地回了一下头，或许她就这么走了，以后也不会有任何事情发生。

然而，吴芳回了一下头，看见自己的名片被那个经理扔进了垃圾桶里。吴芳感到非常气愤，于是她转身回去，用标准的普通话说："先生，对不起，如果您不打算现在考虑买保险的话，请问我可不可以要回我的名片？"

那人的眼中闪过一丝惊奇，旋即平静了，耸耸肩问她："为什么？"

"没有特别的原因，上面印有我的名字和职业，我想要回来。"

"对不起，小姐，你的名片让我不小心洒上墨水，不能还给你了。"

"如果真的洒上墨水，也请您还给我好吗？"吴芳看了一眼垃圾桶。

片刻，他仿佛有了好主意："好，请问你们印一张名片的费用是多少？"

"五毛，问这个干什么？"吴芳有些奇怪。

"他拿出钱夹，在里面找了片刻，抽出一张一元的："小姐，真的很对不起，我没有五毛零钱，这张钞票算我赔偿你的名片，可以吗？"

吴芳想夺过那一块钱，撕个稀烂，告诉他她不稀罕他的破钱，告诉他尽管她是做保险推销的，可也是有人格的。但是，她忍住了。

她礼貌地接过那一元钱，然后从包里抽出一张名片给了他："先生，很对不起，我也没有五毛的零钱，这张名片算我找给您的钱。请您看清我的职业和我的名字，这不是一个适合进垃圾桶的职业，也不是一个应该进垃圾桶的名字。"

说完这些，吴芳便头也不回地转身走了。

没想到，第二天吴芳就接到了那个经理的电话，约她去他的公司。

吴芳几乎是趾高气扬地去了，打算再次和他理论一番。但是，他告诉吴芳的是，他打算从她这里为全体职工购买保险。

正是吴芳不卑不亢的做法最终使她赢得了这个经理的尊重，也书写了大大的“人”字。她并没有看到别人有地位、有金钱就不自觉地矮人一截，甚至将侵犯人格的举动视而不见，而是让对方明白了尊严的真正意义。因为自重，她赢得了尊重！

懂得低头能够正确认识、分析自我，明白自己的优势和劣势，不以自己的短处与人家的长处相比，更不以自己的劣势与人家的优势相论。他们能摆正自己的位置，摆脱“低人一等”的心理，发挥自己的所长，以平常之心对待，显示出足够的自信，能在处世的过程中从容不迫地处理事情。

第四节　小丑为何能比过主角

人们在观看舞台剧，总会为了小丑的滑稽表演而欢呼。每个人对于小丑的喜爱，有时候更多于对帅气王子和美丽公主的喜爱，这是什么原因造成的呢？

法国一家马戏团的经营者说："小丑的角色并不是很容易就能够扮演的，他需要表演者打破羞涩，敢于出丑。只有把观众逗乐了，才是成功的，否则就注定会失败。"敢于出丑是小丑表演者的必备因素，可能也是我们最为之心动的因素：我们喜欢小丑，是因为小丑的身上寄托了很多日常生活中我们不敢去做的事情。

在生活中，人们都想使自己表现得聪明，都怕在众人面前出丑。这似乎是截然对立的两件事，聪明人绝不会出丑，出丑的人必然是笨蛋。然而，事实并非如此，并不是你不出丑就能变得聪明，也不是你不出丑就能获得成功。比如滑稽的小丑，虽然丑态百出，却能赢得观众赞许的掌声。所以，不要害怕出丑，也不要因为一时的出丑而觉得难堪、愧疚，因为只有勇于出丑，我们才能增加对自己的磨炼，才能离成功更近。

蒋红在读书时网球打得不好，老是害怕打输，不敢与人对垒，所以至今她的网球技术仍然很烂。蒋红有一个同班同学，开始时她的网球比蒋红打得还差，但她不怕被人打下场，越输越打，后来成了令人羡慕的网球手，成了大学网球队的队员。

聪明令人羡慕，出丑总使人感到难堪。但聪明是在无数次出丑中练就出来的，如果不敢出丑，就很难聪明起来。

那些勇敢地去干他们想干的事的人是值得赞赏的，即使有时在众人面前出了丑，他们还是洒脱地说："哦，这没什么！"就是这么一类人，他们还没学会反手球和正手球，就勇敢地走上网球场；他们还没学会基本舞步，就走下舞池寻找舞伴；他们甚至没有学会屈膝或控制滑板，就站上了滑道。

林艳只会说一点点可怜的法语，她却毅然飞往法国去做一次生意旅行。虽然人们曾告诫她：巴黎人是很看不起不会讲法语的人的，但她坚持在展览馆、在咖啡店、在爱丽舍宫用法语与每个人交谈。她不怕结结巴巴，不怕语塞、出丑吗？一点儿也不怕。因为林艳发现，当法国人对她使用的虚拟语气大为震惊之后，许多人都热情地向她伸出手来，为她的"生活之乐"所感染，从她对生活的努力态度中得到极大的乐趣。他们为林艳喝彩。

不怕出丑的人还包括那些学习对他们来说并不容易的新学问的人。生活中有些人由于不愿成为初学者，就总是拒绝学习新东西。他们因为害怕"出丑"，所以宁愿放弃机会，限制自己的乐趣，禁锢自己的生活。

倘若你也想改变自己的生活，不妨去冒出丑的风险。在这过程中，不要担心会出丑，否则你会毫无出息，而且更重要的是，即使你不出丑，你同样不会心绪平静、生活舒畅，你会在囿于静止的生活与时时渴望变化的矛盾中饱受痛苦煎熬。值得记住的是，倘若你害怕出丑，自己就会失去许多机会并为此感到后悔。因此，勇敢地做一个出丑的人吧，它不会给你带来什么损失。

第五节　名人一样要“弯腰”

懂得低头的人既能获得众人的尊敬，还能赢得他人的帮助和支持，也能使自己的生活和事业变得更加灿烂和辉煌。

古今中外的领导者都能够自觉地将低头作为一种策略，灵活地运用到工作中，放低自己的身架，和众人打成一片，从而收获人心，使自己在事业中更加“如鱼得水”。

林肯的故居里挂着他的两张画像，一张有胡子，一张没有胡子。在画像旁边的墙上贴着一张纸，上面歪歪扭扭地写着：

“亲爱的先生：

我是一个11岁的小女孩，非常希望您能当选美国总统，因此请您不要见怪我给您这样一位伟人写这封信。

如果您有一个和我一样的女儿，就请您代我向她问好。要是您不能给我回信，就请她给我写吧。我有四个哥哥，他们中有两人已决定投您的票。如果您能把胡子留起来，我就能让另外两个哥哥也选您。因为您的脸太瘦了，如果留起胡子就会更好看。

所有女人都喜欢胡子，如果留下胡子的话那时她们也会让她们的丈夫投您的票。这样，您一定会当选总统。

格雷西

1860年10月15日”

在收到小格雷西的信后，林肯立即回了一封信。

“我亲爱的小妹妹：

收到你15日的来信，我非常高兴。但是我很难过，因为我没有女儿。我有三个儿子，一个17岁，一个9岁，一个7岁。我的家庭就是由他们和他们的妈妈组成的。关于胡子，我从来没有留过，如果我从现在起留胡子，你认为人们会不会觉得有点儿可笑？

忠实地祝福你

亚·林肯”

第二年2月，当选的林肯在前往白宫就职途中，特地在小女孩的小城韦斯特菲尔德车站停了下来。他对欢迎的人群说：“这里有我的一个小朋友，我的胡子就是为她留的。如果她在这儿，我要和她谈谈。她叫格雷西。”这时，小格雷西跑到林肯面前，林肯把她抱了起来，亲吻她的面颊。小格雷西高兴地抚摸他又浓又密的胡子。林肯对她笑着说：“你看，我让它为你留下来了。”

原来林肯的胡子是为一个小小的女孩子而留，而这个女孩子他一开始并不认识。有人说，林肯是为了拉两张选票才留起胡子的。其实对于这一场大选，两张选票能起的作用很微小。但是如果换位思考，你接到类似的信，相信你也会一笑了之，觉得一个11岁的孩子不值得重视。可林肯不但重视了一个小女孩的来信，还认真地写了回信并真的蓄起了胡子。这也许就是他能获得人们的拥护和爱戴的原因。

当年林肯总统的平易随和是有口皆碑的，尽管他贵为总统，却常常喜欢独自一个人走出办公室，到民众中去。平时他在白宫办公室的门总是开着，任何人想进来谈谈他都受欢迎，不管多忙他也要接见来访者。

林肯总统不愿意在他和民众之间拉开距离，因为这使保卫工作颇不好做。他也常抱怨那些执行职责的保卫人员：“让民众知道我需要与他们在一块儿，这一点是很重要的。”他先这样说，接着就开始躲避他的卫兵或命令他们回到陆军部去。他不愿意成为白宫办公室的囚徒。

林肯很少拒绝人，甚至对有的人还鼓励他们来访。1863年，林肯写信给印第安纳州的一个公民：“对来见我的人们我一般不拒绝见他们；如果你来的话，我也许会见你的。”他曾说，“告诉你，我把这种接见叫做我的‘民意浴’。因为我很少有时间去读报纸，所以用这种方法搜集民意。虽然民众意见并不是时时处处都令人愉快，但总的来说，其效果还是具有新意、令人鼓舞的。”

像林肯这样的大人物，总是格外引起别人的注意，如果能以平等的态度对待众人，那么一定会深得人心。反之，如果一直摆出一副高高在上的姿态，别人就会对你心存忌惮，敬而远之。

你也许会看到这样的现象：如果一个管理者总是摆出一副高高在上的样子，他的下属就可能会跟他产生很大的隔阂，这样不利于沟通和提高企业的整体效益。反之，如果管理者是一个能够平易近人，跟下属一起加班，跟大家一起吃盒饭的领导，那么，上下级的相处就会自在很多，彼此的沟通也会做得很好，企业的整体效益也自然会有所提高。所以，不要总是抬头仰望，适当地低下头来，这样可以在一定程度上温暖人心。

第六节　葡萄的破碎是为了变成醇香的红酒

威廉·杨格曾说：“一串葡萄是美丽、静止与纯洁的，但它只是水果而已；一旦压榨后，它就变成了一种动物，因为它变成酒以后，就有了动物的生命。”为了成就红酒的美丽，晶莹的葡萄需要将自己的身体弄碎，经历压榨的折磨。反之，如果它不做这样的自我牺牲，虽然也可能绚烂一时，却避免不了烂于树上的悲惨结局。葡萄变红酒的道理和人们的生活有很多相同之处。

人的一生中，总会遇到各种各样不尽如人意的事情，无论是来自自身的，还是来自外界的，有时都会令你烦闷不堪。一个人，如果想要成就一番事业，就必须面对挫折，学会忍辱负重，以坚韧不拔的意志克服重重障碍，直至把生命磨炼到最美的状态。

西汉时期，北方匈奴冒顿单于执政时，国力衰弱。东胡国王想趁机灭掉匈奴，便故意找碴儿。他听说匈奴有一匹千里马，便派使者来索要。冒顿单于知道东胡国的阴谋，对手下愤愤不平的群臣说：“东胡跟我国十分友好，所以才向我们索要宝马，我们怎么能因为一匹马而影响与邻国的关系呢？”于是，他将宝马拱手送给东胡。

东胡国王一计不成，又生一计，派使者前来索要冒顿的妻子为妃。这个要求太过分了，就算一个普通男人，也不能忍受这般蛮横无理的羞辱啊！匈奴的文臣武将忍无可忍，表示要好好教训一下东胡。冒顿却十分冷静，对那些喊打喊杀的臣子们说："天下女子多的是，东胡却只有一个。为了与东胡国睦邻友好，我愿意献出我的妻子。"

东胡国王得到宝马与美妻后，暂时没再给冒顿找麻烦。趁此时机，冒顿励精图治，国力渐强。东胡国王顿感不安，又来挑衅，派使者求见冒顿，说："你我两国边境之间有块空地，有一千多里，你的匈奴也到不了那里，把这块地送给我吧。"冒顿又问左右大臣该如何。左右大臣们见冒顿从前事事懦弱忍让，全无斗志，便说："这本来就是块无用的土地，送给他也无所谓。"

冒顿闻言大怒，说道："土地是国家的根本，怎么能把土地送给别人？"凡是赞成把地给东胡的大臣都被他斩首了，然后传令集中兵马，迟到者一律斩首，这次他亲率大军去袭东胡。

东胡素来轻视匈奴，全然不加防备，于是冒顿一举消灭了东胡，把东胡占为己有。

冒顿如果为一时之气，贸然动手，匈奴可能早早就被灭掉。所以，即使东胡国一而再、再而三地挑衅和欺压，冒顿也只是退让低头。退让不是目的，退让的同时暗自加强自己国家的实力，为自己能一举消灭东胡而忍气吞声。

可见，被压榨并不可怕，可怕的是容忍不了别人压榨自己，不管自己的实力多么弱小，都想和别人争个鱼死网破，如果这样结果自己只能像高挂枝头的葡萄，成不了芳香的红酒，而只能很快地腐烂。因此，你一定不要害怕别人一时的压榨，要相信自己，低头过后，你将收获成熟的果实。

PART 4 第四章

低头中的吃苦哲学

DI TOU ZHONG DE CHI KU ZHE XUE

高尔基有句名言：“苦难是一所学校。”人生道路是曲折的，成功绝不是偶然的，背后所付出的代价和辛苦不为人知。真正的成功是累积而来的，需要品尝一些不足为外人道的苦涩。每一名白手起家的精英都有着一部心酸的历史，但正是那份磨难，才给了他们克服困难的执著，给了他们勇往直前的毅力。

第一节　能吃菜根苦才可成大事

俗话说："吃得苦中苦，方为人上人。"这句话既揭示了一个人的人格魅力，也揭示出一个做大事的人必备的一种"吃苦"素质。

在民间，给新生儿先喂以大黄，然后喂以甘草汁，之后才是正常喂食。另外，白族人民独特的待客之道就是著名的"三道茶"，第一道：苦茶；第二道：甜茶；第三道：回味茶。

大黄略带苦味，甘草微甜，如此"先苦后甜"与三道茶一样，包含着一定的人生哲理。那就是做人做事要先吃苦，然后才能尝到甜。在生活中，在学业、事业上，在人生的旅途中，大凡成功者，谁不是先吃"苦"，然后才获得"甜"的？所以，能吃"苦"就是一种资本，一种保证今后能够得到甜的资本。

你知道老鹰是如何学习飞翔的吗？其实，老鹰之所以能够自由地在天空中翱翔，并不是天生的，而是需要付出许多努力的。在老鹰生出小鹰之后，往往会把它们带到悬崖边，小鹰站在悬崖边往下看时，老鹰就会做出极其狠毒的动作。它会轻轻地靠近小鹰，然后将小鹰往悬崖下一推，当小鹰知道自己要掉下去摔死的时候，它们就会使出看家本领，拼命地扇动着翅膀往上飞，一心想保住自己的性命。也许有人会问：小鹰如果飞不起来的话，不是会摔死吗？放心，老鹰早在下面铺好了一层厚厚的"毯子"。

这样，就能够保证小鹰摔下去也能保证生命安全。就这样如此重复地循环，小鹰的翅膀就会逐渐变得有力了。这样它们才能在天空中自由自在地飞翔，捕捉一些猎物，而这时的老鹰才是真正意义上那个搏击长空的伟大生灵。

在奋斗的道路上，我们是需要付出汗水的。当今世界上，有哪个人是不需努力而获得成功的呢?

也许你没听说过朱骏，但你可能玩过，或者至少听过《传奇》和《魔兽世界》。也正是因为魔兽，让朱骏的“第九城市”在纳斯达克成功上市，在上市之后，朱骏从美国网民那里成功圈进了超过1.03亿美元的资金。但是这位精英男，也有着心酸坎坷的成长历程。

他小时候家里很穷。那时候，为了贴补家用，他和几个同学跑出去骑黄包车帮别人运货。大热天，装得满满的一车子货，在火辣辣的太阳的炙烤下，劳累自然不必说。让朱骏印象最深的是，有一次，一辆黄包车上装了两个冰箱，上面还叠了好几个其他家电，路坑坑洼洼的。眼看着经过一个大坑，车轮一歪，一旦车上的彩电、冰箱滑落下来，他们可就要如数赔偿。于是，在一边“护航”的朱骏甩开自行车就用肩膀顶了上去。就这样，走过一路泥水地到达目的地，所得的报酬就是168元。

经历了千辛万苦，朱骏磕磕绊绊地走上了自己的成功道路。当初骑黄包车的穷小子，最后成了一个真正的亿万富豪。

人生不可避免会遭到各种苦难，消极对待会使我们陷入被动的局面；而如果积极乐观地看待苦难，则会获得一种全新的人生境界。“自古英雄多磨难”、“梅花香自苦寒来”。我们学习古人这种超人的智慧和处世的哲学，就是要让自己锻炼处坚韧不拔的意志和品格。

人生要经历各种风雨，面临各种挑战。要想获得事业成功，更需要磨砺一个人的坚韧意志，塑造广阔的胸襟，能够应对各种生活磨难。古今中外，大凡有作为的革命家、政治家、军事家、科学家、企业家……无不在人生发展历程中承受了各种苦难。成功绝不是偶然的，背后所付出的代价和辛苦常是不为人知的。真正的成功是累积而来的，需要品尝一些不足为外人道的苦涩。每一名白手起家的精英都有着一部心酸的历史，但正是那份磨难，才给了他们克服困难的执著，给了他们勇往直前的毅力。

在马德里的监狱里，塞万提斯写出了《堂吉诃德》。那时，他穷困潦倒，连稿纸也买不起。有人劝一位富裕的西班牙人资助他。那位富翁却说："上帝禁止我去接济他的生活，唯有他的贫穷才能使自己富有。"

几乎所有成功人士的身上都有一种吃苦耐劳的品质。你不要小看这种品质，因为它对你的事业起着至关重要的作用。因此，人们应该用欣赏的眼光对待它，如此，才不会辱没它带给你的成功。

第二节　意志力是成功者的一种能力

意志力是一个人自觉地确定目的，并根据目的来适当调节支配自身的行动，它是人们克服困难的一种能力。

弗洛姆是美国一位著名的心理专家。有一天，几个学生向他请教：心态和意志会对一个人产生什么样的影响？他微微一笑，什么也不说，就把他们带到一间黑暗的房子里。

在他的引导下，学生们很快就穿过了这间伸手不见五指的神秘房间。接着，弗洛姆打开房间里的一盏灯，在昏黄的灯光下，学生们才看清楚房间的布置。不禁吓出了一身冷汗。原来，这间房子的地面就是一个很深很大的水池，池子里蠕动着各种各样的毒蛇，包括一条大蟒蛇和三条眼镜蛇，有好几只毒蛇正高高地昂着头，正朝他们"滋滋"地吐着芯子。就在这蛇池的上方，搭着一座很窄的木桥。他们刚才就是从这座木桥上走过来的。

弗洛姆看着他们，问："现在，你们还愿意再次走过这座桥吗？"大家你看着我，我看着你，都不吭声。过了好半天，终于有学生犹犹豫豫地站了出来，异常小心地挪动着双脚，速度比第一次慢了好多；另一个学生战战兢兢地踩在小木桥上，身子不由自主地颤抖着，才走到一半，就挺不住了；第三个学生干脆弯下身来，慢慢地趴在小桥上爬过去了。

“啪”，弗洛姆又打开了房内另外几盏灯，强烈的灯光一下子把整个房间照得如同白昼。学生们揉揉眼睛再仔细看，才发现在小木桥的下方装着一道安全网，只是因为网线的颜色极黯淡，他们刚才都没有看出来。弗洛姆大声问：“现在你们当中还有谁愿意走过这座桥？”

学生们没有人出声。

“你们为什么不愿意呢？”弗洛姆问道。

“这张安全网的质量可靠吗？”学生心有余悸地反问。

弗洛姆笑了：“我可以解答你们的疑问了。这座桥本来不难走。可是桥下的毒蛇对你们造成了心理威慑。于是，你们就失去了平静的心态，乱了方寸，以致表现出各种程度的胆怯，所以心态对行为当然有影响啊。”

每个人这一生都要经历种种挑战。当你面对那座窄窄的木桥时，能够自信而平静地走过去吗？要知道。其实你的能力是足以胜任很多事情的，但是如果把困难看得太清楚、分析得太透彻、考虑得太详尽之后，你往往会失去“信心”这个制胜的法宝。在走过人生中每一道小桥时，你只有坚定意志，赶走困境带来的心理恐慌，才能更顺利地到达目的地。

强者不一定是胜利者，但胜利迟早都属于有信念、有坚强意志的人。也就是说，如果你只接受最好的，你最后得到的往往也是最好的，只要你有信心。很多人总爱说：这恐怕不行吧？我哪有那么厉害？这样的话，正是前进的巨大阻碍。也许你没有意识到它的严重性，但这就是事实。假如你有强烈的渴望和坚强的意志，就会无所畏惧，也就没有那么多不可能。

有一个雕刻家，自从爱上这一行后，就没有好好睡过一次觉。每当有作品需要创作的时候，他的一日三餐仅是几片面包。清晨，他从面包铺里买来面包，吃一个当早餐，剩下的就揣在怀里。他爬到高高的梯子上工作，饿了便啃面包充饥。他本来并不是一个孤僻的人，但随着从事雕刻工作的时间越长，他越来越无法跟人沟通。在创作的时候，只要有一个人在场，就会完全扰乱他的思绪。他必须要有一种与世隔绝之感，方能得心应手地工作。他最大的痛苦不是创作不出满意的作品，而是需要为生活琐事忙碌。他以前并不是一个追求完美的人。但到后来，他无法容忍自己的作品出现微瑕。一旦他在一件雕像中发现有错，就会放弃整个作品，转而另雕一块石头。所以，他留给这个世界的作品很少。

他的名字叫米开朗琪罗，一位天才的雕刻艺术家。

几百年前，在一个下着雪的早晨，名声威震欧洲的米开朗琪罗很早就出门了。他在斗兽场附近碰见了城里教堂中的主教，主教惊讶地问他："在这样的鬼天气里，你要出门上哪里去？"

"上学院去，想再努一把力，学点儿东西。"他回答。

几百年后的今天，我们可以想象，在那一天，他所在学院的学生们还在有火炉的房间酣睡，而一位风烛残年的老人，却"吱呀"一声打开了结着冰花的工作室的门。

倘若你有这样的意志，何愁不能成功？还有那么多事情是"不可能"的吗？

在完成一项任务的过程中，你可能会遭遇到种种困难，可能你会在技术上有所欠缺，可能在人脉上有些薄弱，可能在资金运转上束手束脚……各种各样的主客观困难会摆在你前进的路上，拖延着你前行的脚步。万一再遇到老板不体谅，对你时不时一顿训斥，再加上遇到平日的同事如今落井下石，对你冷眼旁观，你是否心灰意冷，打算就如此放弃呢？

一旦放弃了，就等于宣告结束了，就彻底没有机会战胜它了。其实，困难的本质都是一样的，都是一种让你头疼的事情，让你煞费苦心去解决的事件。不过，困难每一次出现，或许伴随着不同的原因，不同的环境，要是一遇到困难就放弃，那么永远也不能进步。无论生活还是工作，我们都需要有自行面对困难并设法克服困难的勇气。俗语说，自助者天助，当我们愿意自己一个人设法去克服困难的时候，往往事情也就会出现转机。

或许有的人大半生都一帆风顺，积累财富，广交朋友，声望日隆，个性仿佛也很坚韧。一旦灾难突降，他们便失去了所有的一切。他们被击倒了，绝望了，物质的损失就会吞没他们生存的勇气。

经历了如此沉重的打击，人人都会觉得希望渺茫。但是，即使是一个无知到不会写自己名字的人，如果他有坚韧的承受力，他也还是有希望的，因为只要有勇气，就有希望。如果经受一次打击就灰心丧气，难以自拔，毫无斗志，那他就没有希望。要知道，这正是考验他的时候，在失去了所有的身外之物之后，他还有自己。如果躺在地上，心里承认自己很差劲，那就真的没有希望了。相反，如果他仍然勇气十足，绝不放弃，如果他蔑视困难，决心从头再来，那么他早晚都能重整旗鼓。

如果一个人能做到别人都已放弃，自己还在坚持；别人都已退却，自己仍然向前；看不见光明，希望，却仍然孤独、坚韧地奋斗着，那么，这个人就具备了成功者的素质。

第三节　重复能把简单的事做好

每个人都应该具有重复做事的耐心，因为重复不仅能把一件事情做细，还能把一件事情做到完美。

美国一家园艺公司在报纸上刊登启事，重金征求纯白金盏花。一时间，应征者趋之若鹜。然而，自然界中的金盏花不是金色就是棕色，从没有见过白色的，很快人们就知难而退，那则启事也逐渐被人遗忘。

20年后，那家园艺公司收到一封热情洋溢的应征信，还附了一粒种子，纯白金盏花“出世”了。消息不胫而走，引起了很大的轰动，新闻界采访了那位应征者。

她是一位年过古稀的老妪。20年前看到报上的启事后，她不顾子女的反对，独自培育梦想中的白色金盏花。她播下一些最普通的种子，在金盏花盛开的季节，挑选一朵颜色最淡的花，任其自然枯萎脱落，以获取成熟的种子。次年，把种子播到地里，待它开花的时候，再挑选一朵颜色最淡的花……

她不停地播种、收获，如此往复过了20年，终于培育出了如银如雪的金盏花。那纯粹的白色，让所有见过的人都目瞪口呆。这个不懂遗传学的老人，竟然攻克了连专家都望而却步的难题，最终培育出美艳绝伦的金盏花。

什么是奇迹？无非是一点一滴的积累，循序渐进，无休无止，把简单的事情做到极致就是奇迹。

“什么叫做不简单？能够把简单的事情做好，就是不简单；什么叫做不容易？大家公认的、非常容易的事情，非常认真地做好，就是不容易。”这是张瑞敏的精彩语录。这句话，相信对每一个人都有极其深刻的意义。

这是一个不断改革的时代，这是一个充满竞争的年代，这也是一个日益浮躁的年代。越来越多的人不甘平凡，想要做出一些不平凡的业绩，也时常抱怨单位不给他们一个施展才能的机会，致使他们无法取得成功。

可是，你来看看下面这样一个故事：故事的主人公是一家钢铁企业的普通工人，他十几年来都在一个岗位上干，每天都做同样的工作，在别人看来是一项十分简单的工作，并没有什么前途，可是他最后从一个普通工人成长为某省十佳技能创新人才。屡次创下他所在企业的某项经济技术指标的最好水平。当人们问他成功的秘诀是什么时，他平静地说：“把简单的事情做到极致。”

“简单的事”往往很容易让人不屑一顾，我们都希望能够干“大事情”。可是我们有几个干成功了呢？一对大学生夫妇不甘平凡，离开企业到沿海城市打拼一年多，却一无所获地向原单位总经理写信，希望能够再次回到原单位工作。你可以想象他们在离开时的踌躇满志，也可以想象最终一无所获时的尴尬。直到现在，仍然不乏不甘平凡的人正在重复他们的故事。

的确，在物欲横流的年代，每个人都渴望成功，每个人都希望得到自己想要的一切。然而，成功并不是一件容易的事情，想要得到就必须付出。尽管“把简单的事情做到极致”、“干一行就要干到最好”只是几句简单的话，可是要真正做到却不容易，其间的艰辛只有当事者最清楚。

那些抱怨没有得到更好机遇的人们，他们真的在自己的岗位上干得很出色？是否也像故事的主人公那样把简单的事情做到了极致？是否也像他一样十几年如一日，兢兢业业地在一个岗位上坚守，把工作干到了最好？

李用在很小的时候便失去了父亲。面对生活的艰辛，他并不沮丧。

他的第一份工作是送信。年纪还很小的他，竟然在3年中没有发生过一次失误。他有一个理想，就是希望自己有机会在铁路上工作。为此，他开始钻研和铁路有关的知识。后来，他被派去专门打扫月台。每天，他都穿着一身蓝色的铁路制服，专注地去做这件对他来说似乎过于简单的工作。

有一天，李用像往常一样打扫月台。他不知道，在他对面停着的一节车厢里，有一个人被他的工作态度吸引了。这个人是铁路巡回主任汪海先生。在以后的日子里，李用更换了多份工作，每换一次工作，李用都拿出第一次工作时的劲头——像打扫月台那样彻底，那样让人无可挑剔。最后，他当上了伊里诺斯中央铁路局局长。

汪海先生在谈论李用时说，他没有见到过一个如此精心对待一个平凡工作的人，竟能使自己的工作焕发出不同寻常的光彩。当我们自始至终把自己的每一件，哪怕是极其琐碎平凡的工作做到了极致，超出人们的期望时，那么，辉煌而伟大的成功就已在你的门外守候。

因此，假如你渴望成功，那么不妨放下高姿态，低下头来脚踏实地，先把简单的事情做到极致，干一行就干到最好。因为只有一步一步积累，才能使自己的事业发生从量变到质变的飞跃。这可能是一个比较漫长的过程，但是，如果简单的事都做不好，又怎么能做成大事呢？

事实上，社会所需要的也是一些能在平凡中成长的人。须知，一个能认真对待每一件事、并且能将简单的事情做好的人，就是一个能够发挥实力的人。所以不要看轻任何一项工作，没有人可以一步登天的。当你认真了解、对待每一件事，就会发现自己的人生之路越来越广，成功的机遇也会接踵而来。

第四节　用磨难改变自我

清贫与磨砺，有的时候是一种不幸，而更多的时候，又是一笔财富，它让人懂得如何去追求与创造。你是否成功，往往取决于你的努力程度。悲观或者乐观，坚强或者懦弱，前进还是退却，依附还是自立，都在你的一念之间。对于一个真正勇敢的人来说，不论他的生存条件如何，都不会磨灭他的潜能，也不会降低他可能达到的人生高度。他会自我燃烧能量，会锲而不舍地去克服一切困难，去发掘自身才能的最佳生长点，扬长避短，踏踏实实地朝着自己人生的最高目标迈近。在磨难中完善了自我情商的他们，在度过生命的低点之后，会拥有比平常人更强大的力量。

英国伟大诗人弥尔顿，最杰出的诗作是在双目失明后完成的；德国的伟大音乐家贝多芬，最杰出的乐章是在他的听力丧失以后创作的；世界级小提琴家帕格尼尼是个用苦难的琴弦把天才演奏到极致的奇人。被称为“世界文化史上三大怪杰”的三个奇人，居然一个是瞎子，一个是聋子，一个是哑巴。世间是有这样的巧合，还是苦难真的能够给人财富？

很多受过高等教育的年轻人往往觉得自己不应该吃苦，觉得自己有知识、有能力，那就应该一帆风顺地走下去，而不应该在苦难中浪费时间。

其实，这样的想法是大错特错了。

艰苦的环境，会促进成人成才。因为，安逸的生活炼不出精干的能手，平静的湖面造不出时代的伟人。环境优越，生活舒适，往往会诱发惰性，阻碍人们成长。而恶劣的环境却能激人奋发，使人立志改变处境，从而促使一个人成长。一旦有了这种敢于挑战的精神，不管环境是好是坏，都能创造条件，克服困难成才。否则，优越的环境，只会成为滋养惰性的温床，艰苦的环境会成为淤埋弱者的深渊。

荷兰福勒船舶公司有一艘船，在大西洋上曾138次遭遇冰山，116次触礁，13次起火，207次被风暴扭断桅杆，然而它从没有沉没过。后来这艘船被英国劳埃德保险公司买下送给了英国萨伦港的国家船舶博物馆。

很多人都来参观这艘船，这一切都归功于一位律师。当时，他刚打输了一场官司。委托人也于不久前自杀了。尽管这不是他的第一次失败辩护，也不是他遇到的第一例自杀事件，然而每当他遇到这样的事情时，他总是有一种负罪感。到律师事务所来的人有很多是在生意场上遭受了不幸的人，那些人有的被骗，有的被罚，他们或血本无归，或倾家荡产，也有的因打输了官司，最后落得债务缠身。他每次都想安慰这些人，可不知道该如何做。

参观完这条伤痕累累的船时，他想到了安慰那些人的办法，那就是让他们来参观这艘船。于是，他就把这艘船的历史抄下来，和这艘船的照片一起挂在他的律师事务所里。每当有商界的委托人请他辩护，无论输赢，他都建议他们去看看这艘船。后来，越来越多的人都来参观这艘船。

这艘伤痕累累的船用自己的真实经历告诉那些在挫折中的人们：在大海上航行的船是没有不带伤的。

勇敢地经历逆境，这就是成功的秘密。科学家贝佛里奇说过：“人们最出色的工作往往是处于逆境下做出的。思想上的压力，甚至肉体上的痛苦，都有可能成为精神上的兴奋剂。”其实，挫折并不可怕，可怕的是不能够正视现实。不要感叹命运的多舛和不公。命运向来都是公正的。在这方面失去了，就会让你在另一方面得到补偿。当你感到遗憾失去的同时，可能有另一种意想不到的收获。

高尔基有句名言：“苦难是一所学校。”人生道路是曲折的，它可能表现为徘徊彷徨的思考、坎坷曲折的经历、挫折逆境的困惑、命运之神的摆布。如果我们缺乏走坎坷不平之路的思想准备，那么在人生道路上一旦碰到苦难与挫折，就会陷入苦闷、焦虑、迷惘、忧愁，个别人甚至悲观失望，丧失驾驭生活的勇气和信心等。

我们应该懂得，凡走过，必留下痕迹。人生，没有任何过程是白费的，包括所有的辛苦、泪水、心酸，每一笔都会增加你未来成功的光彩。

一个人如果在适宜的方式下受到更多的痛苦、灾难、挫折，他生命的枝头结的果实将会比顺境中结出的果实更甜更香些。好比成功不一定要经历失败的过程，但可以肯定的是在失败的逆境中，人的潜力能比他在顺境中发掘得更深些，更大些。

一个人的平庸，多数不是因为自身的能力不够，而是因为他安于现状、不思进取，没有激发出自己的潜能，以致在平淡机械的生活中埋没了自己。你不要总羡慕别人头上的光环，其实你也有能力给自己戴上美丽的花冠。想想看，生活中，有多少人在浑浑噩噩地过日子呢？有多少人在安逸的生活中懈怠呢？有多少人认为自己没有什么本事就安于现状、不思进取呢？有些时候，人们真的需要一种危机和磨难，来激发自身的潜能，唤醒内心深处被掩藏已久的人生激情，以刺激懈怠已久的大脑。如此，才能推动你不断完善自己，并实现自己的人生价值。

第五节　将拼搏与动脑结合起来

努力工作没有错，但“要用聪明的方式做事”。假如有人问你，曲别针有多少种用途？第一反应你也许只能说出：夹文件。打开思路，其实它的用途多种多样：做绳子、钉子、导线、纽扣、首饰、发卡、鱼钩、牙签……日本有一个科学家宣布已列出2400种用途，南京有一位学者宣称，他能列出3万多种。只要你愿意去找，答案一定会更多。

一个问题，可以用不同的方法来解决。既然曲别针都能有无数种用途，那解决一个难题，怎么就不会有“无数种”方法呢？该选择什么样的方法呢？当然是既省力又有效的方法。这就需要你开动脑筋，让你的聪明才智帮你获得胜利。用你的聪明才智创造性地解决问题，远比蛮干苦干要有效。有一个经典的故事，可以非常精辟地阐明这个道理：

从前，有个奇异的小村庄，村里除了雨水，没有任何水源。为了解决这个问题，村里的人决定对外签订一份送水合同，以便每天都能有人把水送到村子里。

有两个人愿意接受这份工作，于是村里的长者把这份合同同时给了这两个人。得到合同的两个人中一个叫穆明，他立刻行动了起来。他每日奔波于1里外的湖泊和村庄之间，用他的两只桶从湖中打水并运回村庄，并把打来的水倒在由村民们修建的一个结实的大蓄水池中。

每天早晨，他都必须起得比其他村民早，以便当村民需要用水时，蓄水池中已有足够的水供他们使用。由于起早贪黑地工作，穆明很快就开始挣钱了。尽管这是一项相当艰苦的工作，但是穆明很高兴，因为他能不断地挣钱，并且他对能够拥有两份专营合同中的一份而感到满意。

另外一个获得合同的人叫张尔。令人奇怪的是，自从签订合同后，张尔就消失了。几个月来，人们一直没有看见过张尔。这点令穆明兴奋不已，由于没人与他竞争，他挣到了所有的水钱。张尔干什么去了？原来他做了一份详细的商业计划书，并凭借这份计划书找到了4位投资者，他们和张尔一起开了一家公司。

6个月后，张尔带着施工队和投资的钱回到了村庄。花了整整一年的时间，张尔的施工队修建了一条从村庄通往湖泊的大容量的不锈钢管道。这个村庄需要水，其他有类似环境的村庄一定也需要水。于是他重新制订了他的商业计划，开始向全国甚至全世界的村庄推销他的快速、大容量、低成本并且卫生的送水系统。每送出一桶水，他只赚1便士，但是每天他能送几十万桶水。这样无论他是否工作，人们都会消费这几十万桶的水，而所有的这些钱便都流入了张尔的银行账户中。

显然，张尔不但开发了使水流向村庄的管道，而且还开发了一个使钱流向自己钱包的通道。从此以后，张尔幸福地生活着，而穆明在他的余生里仍是拼命工作，最终还是陷入了“永久”的财务问题中。

多年来，张尔和穆明的故事一直指引着人们。每当人们要作出生活决策时，这个故事都能给人以帮助，所以我们应时常问自己：“我究竟是在修管道还是在运水？”“我只是在拼命地工作还是在聪明地工作？”

聪明工作的人，一定是善于思考的人。即使你很忙碌，也要抽出一定时间来想想，你的工作目标对象是谁，他们希望你做什么样的工作，达到什么样的效果，这些都必须是具体的。花足够的时间去思考和筹划，制订一份明确具体的计划，是应对所有困难时必不可少的重要法宝。

当今社会，物质条件已经发展到一定的高度，如果我们还只是保持传统的想法，认为通过自己的努力、勤奋就可以提高自身能力，为自己的成功增加筹码的话，那就等于我们从一开始就站在了一个比别人低的起点上了。你有什么资源可以利用起来为自己的成功增加砝码呢？那就是人们自身用之无穷的创新思维。只有充分意识到这一点，我们才能不断地去攀登成功的山峰，只有懂得充分地利用这些创新思维，才可以为自己的成功增加垫脚石。

拼搏不是拼命，不是拼蛮力，不是拼汗水。在你碰到困境的时候，不要一味地只是在前人的方法中寻找出路，而是应该在知道常规方法无法得到自己所想要的东西的时候，就选择创新，用创新的思维去解决问题，去赢得自己的所需。

进行创新，并不需要你的智商有多高，也不需要你有足够高的学历，创新的源泉只在于你能够用与他人不一样的方式来改进原有的方法。当然，你必须要勤动脑筋，否则谁也帮不了你。然后，你要学着辩证性地思考问题，全面地思考问题，独辟蹊径地思考问题。这样，才能取得与众不同的成绩。当别人都在这样做的时候，你要做到与众不同，走出一条崭新的道路，这样人生就能走得很漂亮。

第六节　付出多点儿就能使收获多点儿

从某种意义上来说，一个人的付出多一点儿，他得到的收获也会多一点儿。不可否认，你付出多少，将会得到多少，这是一个很公正的因果法则。

世界著名的成功学专家拿破仑·希尔曾经聘用一位年轻的小姐当助手，替他拆阅、分类及回复他的大部分私人信件。她的薪水和其他从事类似工作的人大致相同。有一天，希尔口述了一句话，并要求她用打字机打出来："记住：你唯一的限制就是你自己脑海中所设立的那个限制。"

当她把打好的纸张交给希尔的时候，她说："您的话使我受益匪浅。对你我都很有价值。"这件事希尔并没特别在意，但从那天起，希尔可以看得出来，那句话在她脑中留下了极为深刻的印象。她开始在用完晚餐后留在办公室，从事的是不是她分内而且也没有额外报酬的工作。帮希尔回复信件时，她研究希尔的风格，把信写得丝毫不露破绽，仿佛是希尔自己写得一样，有时甚至更好。

她一直保持着这个习惯，直到希尔的私人秘书辞职。希尔寻找人选替补这个空缺时，自然而然地想到了她。实际上，在希尔还没有正式给她这项职位之前。她已经主动地接受了这项职位。她在下班后，在没有加班费的情况下，对自己加以训练，使自己变得不可或缺，终于使自己有资格出任希尔最得力的助手。

事情还不仅仅是这样，这位小姐的办事效率太高了，引起了其他人的注意。众人纷纷提供很好的职位请她去担任。希尔不得不一次次提高她的薪水，后来她的薪水是普通速记员的六倍。

她使自己变得对拿破仑·希尔极有价值，因此，拿破仑·希尔不能失去她，让她做自己的帮手。

当然，你没有义务去做自己职责范围以外的事，但是你也可以选择自愿去做，以驱策自己快速前进。率先主动是一种极珍贵、备受看重的素养，因为它能使人变得更加敏捷，更加积极。积极的工作态度更是能使你从竞争中脱颖而出。

只做自己分内的那些事情，意味着什么呢？意味着你没有思想，对目前所做的工作不够热爱，不肯动脑筋多想一步。还说明你不肯为工作投入自己的热情和智慧，只是被动地应付工作。虽然你遵守纪律、循规蹈矩，却缺乏责任感，只是机械地完成任务，而没有创造性地、主动地工作。如果你一直是这样的心态，渐渐地，会连老板分配的分内的任务也完成不了。

很多人就是这样，认为自己是给老板打工的，只做与自己职责相关的事，并只做与自己所得薪水相称的那些工作就可以了。这样一种心态定位，使他只盯着自己分内的那些工作，而不想额外多干一点儿。甚至经常以老板苛刻为理由，致使他连自己分内的工作都不努力去做，敷衍塞责，偷懒混日子，被动地应付上司分派下来的工作。结果几年过后，他除了拿那点薪水，毫无所获，甚至因态度不积极，自己的那份工作和薪水也差点保不住。如果抱着这样的心态工作，只会不断失去工作。

所以说，并不是忠实可靠、尽职尽责完成分配的任务就可以了，这还远远不够，对那些刚刚踏入社会的年轻人来说更是如此。要想取得成功，必须做得更多更好。一开始我们也许从事基本的事务性工作，但我们不能满足在这样的职位上做一辈子。成功者除了做好本职工作以外，还需要做一些不同寻常的事情来更好培养自己的能力，以便引起人们的关注。把份内的工作做好是你的职责所在，但是多做那么一点点，就等于播下了成功的种子。

如果不是你的工作，而你做了，这就是机会。有人曾经研究为什么当机会来临时我们无法确认，因为机会总是乔装成“问题”的样子。当顾客、同事或者老板交给你某个难题时，也许这正为你创造了一个珍贵的机会。对于一个优秀的员工而言，公司的组织结构如何，谁该为此问题负责，谁应该具体完成这一任务，都不是最重要的，在他心目中，唯一的想法就是如何将问题解决。

一位学者一次到某个商场买东西时，顺便看望了一下在商场工作的两位朋友。两年前，这两位朋友同时进入这家大商场做销售员。而今，一位是商场的业务主管，另一位还是销售员。叙谈后，学者要走，两个朋友就一起送她到电梯口。这时，做业务主管的朋友发现墙上贴着的商场通知单没有粘牢，快要掉了。做销售员的朋友说，掉就掉吧，也不关你的事。但那位做主管的朋友还是把通知单先揭了下来，说，一会儿我再粘好。

现在，你可能已经明白，为什么他们之中一位能在两年内升为业务主管，另一位还是销售员。那位业务主管的一个动作，就反映出他对商场的责任心、责任意识和敬业态度。做这件事，可能就是举手之劳，但首先，这位业务主管想到的是这对公司有利，我应该做，而不是归不归我管、关不关我的事。

不要满足于完成分内的任务。因为严格地说，这样只是单纯地执行任务，你也只是个“执行者”。只做上司吩咐的工作并不足够，乐于“多管闲事”才是高等境界。要明白，没有最好，只有更好，任何工作都有改进的余地。如果你能精益求精地对待自己的工作，做到令老板惊喜，那么，离高升也就不远了。

只要是需要做的事情，就可以去做。而不需要去管上司有没有交代，是不是自己分内的事。主动的人，就会把工作做得尽善尽美，主动的人实际完成的工作，往往比他原来承诺的要多，质量也高。所以，主动的人从来不缺乏加薪和升迁的机会。

总之，一个人在做事时，应秉承一如既往的付出方式。这样一来，所带来的收获也会出乎你的意料。

PART 5 第五章

用最真实的自己面对低头与出头的境遇

YONG ZUI ZHEN SHI DE ZI JI
MIAN DUI DI TOU YU CHU TOU DE JING YU

人生在世，能以本色天性面世，不费尽心机，不被那些无所谓的人情客套、礼节规矩所约束，能哭能笑，能苦能乐，泰然自在，怡然自得，真实自然，保持自己的个性特点，岂不快哉？

第一节　就算成功也不可傲慢

一个优秀的领导者，在你与他谈话之后，仍然能保持意气昂然的精神，那么，这样的领导就是人们欣赏的领导。

IBM乃享誉全球的最大电子计算机公司，此公司之所以发展成为今天这样的庞大规模，其原因完全归于一任董事长——汤姆斯·丁·华德逊。华德逊的经营方法完全是以自己的生活信念为骨干，衍生而成。

华德逊原为美国北部纽约州的农家子弟出身，平素家训甚严，自幼秉承父亲教诲，生活举止中规中矩。其父教诲重点有三：

1.平日待人接物，需有敬老尊贤之愈。

2.保持开朗个性，尤以诚实处世为实。

3.凡是要务在身，莫不全力以赴方罢。

华德逊奉之为自己的生活准则，终生信守不渝，并以此信念为IBM公司的建立与崛起奠定了良好的基础。

这种将生活融入工作的方式，并非华德逊所独有的。事实上，卓越的经营者或领导人，多半都懂得利用自己的生活经验来确定经营方针及部属的管理方法。懂得用人之法，方能使人尽展其才。

再看看你工作的圈子，或许会发现，许多“领导人”并不足以冠以“卓越”、“杰出”或“优秀”这些称号，你甚至会提出这样的疑问：

“我的单位究竟有没有领导人？”要注意的是，人们常言的最高主管并不一定就是领导人。

在这个社会，无论是国家行政机关，还是企事业单位，都有自己的、各个层次的领导人或主管老板，但你从这些人身上看到的，或多或少都有如下现象存在：

自以为是“领导”、“老板”，便觉得高人一等甚至数等。喜欢高高在上，喜欢发号施令；以少与职员见面、少接触等形式营就神秘氛围，并期望在这种神秘氛围中登上“神坛”；以为“领导”、“老板”是“特权”的代名词，喜欢拥有各种形式的特权，比如豪华轿车、漂亮住房、华丽办公大厅、随呼随到的“小秘”，诸如此类等。

个人主义。或者赤裸裸，或者琵琶遮面，只顾及私人的利益、地位，以及自己的“外交形象”，只有在自己利益受到损害时，才坚持原则，才明辨是非，才敢于坚持己见，不屈做“恶人”；对上、对下总是以“老好人”面孔出现；最在意的事就是不让任何人抢自己占据或者准备占据的职位；除了自己以外对什么都漠不关心；总希望自己姓显名扬，而要单位隐名埋姓。

傲慢自大，总以为自己天下第一。认为职员尤其是蓝领阶层和女性员工懒散，没有能力，忘恩负义，无论哪一方面均比自己低贱；对一般员工没有热情和兴趣，叫不出员工名字，也不愿接见员工，和员工的关系不和睦，甚至僵化；不能容忍别人公开提出的反对意见，自己有错，却死不承认，还老是责怪别人，对他人所犯错误则认为是大不敬，应严加责罚。

言行虚浮，好耍小聪明，喜弄权柄。只会滔滔不绝地说话，说话时或兴之所至、模棱两可，或只说自己认为员工爱听的话，轻易许诺，诺后即忘，试图给人特别有本事，特别有把握的光彩形象；事不成，诺不行时，脸亦不红，心亦不耻，从不认为这是一种毛病；喜欢说些让人“眩晕”的话，最喜把事情复杂化，喜欢“阐释”单位最复杂的规章制度，认为别人弄不懂自己的话或事就足以显示自己的聪明与高超；做事秘不示人，故弄玄虚；好哗众取宠，平淡无奇的事或话偏要故意弄得“风趣”、“幽默”，喜欢用备忘录，喜作长篇大论的报告，喜用公司手册，纸上作业一大堆；喜欢耍手段，喜欢新的控制权。决策武断，或犹豫不决；好大喜功，老是想扩展得更大，更复杂，对任何事情，无论轻重大小，都要行驶自己的最后决定权，要在任何事情上都插上一脚，以显示自己能力足可以统揽四方，智慧可解万般难题；有功时，功劳是自己的，出错时，尽管是自己一手造成的，却不愿承担，寻找替罪羔羊，时常埋怨没有人才，老从外面挖角……

某些“领导人”或“老板”看了上述诸般，或者有人沾沾自喜，说：“这些毛病我都没有呀！”或者有的要跳高，说：“这些也算毛病？真是夸大其词！”很少会有人正视自己，正视这些现象，久而久之，也就容易造成自己所辖单位领导者与员工之间隔阂甚深，互不信任，公司如盘中散沙，连一件小事也不能顺利成就，更别说其他大事了。失败之果，谁造成的？正是那些所谓的“领导”及“老板”。

布默尔公司总裁彼得·普诺尔说：“领导人物必须是与众不同的，他能控制各种假定状况并能对传统持有怀疑态度。他具有追求真理的毅力，拟定决策必须基于真凭实据，不可依据个人偏见行事。领导人物必须是体察入微的，对员工有着高度的敏锐力。他能充分了解职员的心理，并培养相互的信任。他必须能将企业目标精确地告诉大家，他应该常常鼓励赞美员工，而不应时刻地批评指责，他不仅要让员工敬畏，还需要得到员工们敬爱。”

英国陆军元帅伯纳德·蒙哥马利说：“领导者应具有感染性的乐观……测试一个人是否具备领导能力的最佳方法，是分析你在与那个人会谈之后的感觉，如果觉得意气昂然，充满信心，那么，那个人就有资格当领导者了。”

拿上述标准评价我们周围的某些“领导人”或者“老板”，我们只能得出这样的结论：他们这些“领导”、“老板”是失败的！

纽约的巴黎餐馆是世界上首屈一指的餐厅，它的负责人索特勒在1983年10月接受一家杂志的采访时，透露了他的心得：“我做厨师已经不止30年了。我知道我在做什么，而且每天我都尽可能地把它做好。我是用爱心来烹饪。服务也是一样，侍者必须带着爱心服务。常有人问我经营的秘诀。老实说，唯一的秘诀就是，我把爱放在烹饪和服务里。”

传奇性的绿湾包装的负责人罗伯特也十分看重“爱”这个观念。在他去世之前，他对美国管理协会的成员说：“精神上的强韧指的是谦虚、单纯、斯巴达主义以及爱。我不一定要喜欢我的同事，但身为一个人，我必须爱他们。

事实上，爱就是忠诚，它体现了团队的合作精神。有爱心的领导者，会对他的公司和职员给予无比热忱的责任感，并能将这种信念传递给更多的人。

第二节　做人不可“人前一套，人后一套”

“人前一套、人后一套”是一种虚伪的表现，而虚伪是一种恶习，可以凭此逃避一切义务和责任，推托一切合作和事业，这种心理特征，对于社会和人类都不会有任何好处。

如果某个人经常装腔作势，“人前一套，人后一套”，对人两面三刀，明明心里讨厌，脸上却堆满笑脸，本来并不欢迎却装出一副热情好客的样子，本来彼此并不熟悉却拍拍打打像长久的老朋友。这种人肯定会被人指着脊梁骨骂：“这家伙真虚伪！”

似乎社会上每个人多多少少都有一些虚伪，人类社会似乎有这么一条不成文的规律：人类文明程度越高，人类的虚伪言行就越多，其掩饰真实意图和面目的技巧也越高超。虚伪的言行是人类特有的普遍性格。有谁见过群狼撕咬腐肉时说过肉麻的话，做出内心不愿而外表谦让的举动么？

古希腊哲学家苏格拉底曾经讲过谦逊的美德，同时他大肆抨击人类装腔作势，用假的优胜来弥补他们的缺点，用虚伪的自尊来掩饰他们的卑劣。他对于那些穿漂亮衣服在穷人面前炫耀的学生不是嗤之以鼻，就是大加叱责其行为的荒谬和内心的虚伪。

弗兰西斯·培根也曾探讨过人类的虚伪，“有些人是很隐秘的，他们常常心里有话而不肯明言，并且在他们心里明白所说的事自己并不甚知道的时候，他们却要装模作样，要让人家以为他们知道许多不能明说的事情。”“没有一个生意萧条的商人或倾家荡产的浪子，为了支付他们的财富名利，能像这种虚伪的人一样，为了保持他们的名利而有一般多的诡计的。”

虚伪是一种与智慧和主动性相联系的性格，往往不易为别人所察觉，另外虚伪也具有预见性和预谋性的特点。有人认为易懂的虚伪性格是“在理智清醒的情况下应主观需要而产生的”，更多时候是为达到自己的潜在目的而设下的圈套，通过一些精心策划和掩饰之后，表现在一个人的语言和行为上。

虚伪这种性格，比自吹自擂、虚荣之类更加卑劣，自吹自擂之类的缺点是自私自利的一种表现，而虚伪者的卑劣言行，他以为是很高明的一种美德，所以运用于对方身上时，而又不知不觉。这种人因而自鸣得意，更加肆意地以虚伪态度待人。

虚伪之人口蜜腹剑，笑里藏刀，绵里藏针，当面说好话，背后下毒手，对刚强者捧杀，对柔弱者棒杀。

虚伪之人溜须拍马，讨好有用之人，落井下石无用之人。阴阳不一，没人知道他心里真正在想什么。

虚伪之人尽显变色龙之本色，最大特点即假惺惺。他无利不动。求人时大献殷勤，大抛媚眼，大说好话。一旦他的目的达到，立刻变心，不冷不热，流于应付。

虚伪，是一种恶习，可以凭此逃避一切义务和责任，推托一切合作和事业，这种心理特征，于社会于人群，毫无好处。

导致虚伪的原因在哪里呢？

1.利益

所有的虚伪都建立在“有利可图”的基础上。倘若虚伪不能给人带来好处，谁也不会去费心钻研“虚伪的诀窍”。

“有利可图”可以从两方面表现出来：一方面可以在对手面前掩盖住自己的真实面目及所有弱点；另一方面可在微笑的气氛中悄悄地为别人掘好陷阱或预备好鱼饵。若两个意图都能达到，让别人吃了亏上了当还没什么话说，可谓真是一个微笑的“杀手”。

2.社会的现实需求

任何事物的发展都是一分为二的。人们在同自然界以及与自己斗争中，从正面学会了应变与智慧，同时也从反面学会了狡猾与虚伪。

人在生存过程中，面对自然界的动物，在捕获它们的时候，要开动智慧的脑筋，运用各种欺诈的手段，久而久之，会用这种对非人类的手段渐渐用来对付人自己，这便是人的虚伪。

随着人类社会的发展和科学技术的进步，人们应付世界的伪技巧也就愈高明。今天的考场之中，人们用计算机之类的工具来作弊，人们用照相机照出来的胶片作伪证、诬陷；而计算机时代，网上的名字个个都是虚伪的假名，人人都躲在网络后面发言……

人的虚伪确实很难克服，但要成为一个成功的人、一个具有良好人际关系的人就应克服这种性格特征。

尽量设身处地为别人着想。你对别人虚伪，别人心里肯定不痛快，去掉虚伪，从我做起，以诚待人，他人就会以诚对我，这本身就是一个互动的关系。

去掉假面具。戴着虚伪的假面具，其实也是非常痛苦，有的时候也颇无奈，因为他在人际交往中得提高警惕，精神高度紧张，一刻也无法放松，久而久之，自然变成一副虚伪面孔，没有丝毫快乐、幸福而言。

少一些自私自利。人之虚伪，跟人的“有利可图”有很大关系。所以在人际交往中，尽量少一些自私，多一些无私，这样你就可以在一定程度上减少虚伪。

通常情况下，凡是在名利场，虚伪的概率就要大得多，一个人除非迫不得已，则应尽量减少去官场、商场、社交场、舞场之类的地方，因为这些地方正属于那些缺少虚伪就无法立足的地方。少去这些场合，便会少一分虚伪的性情。

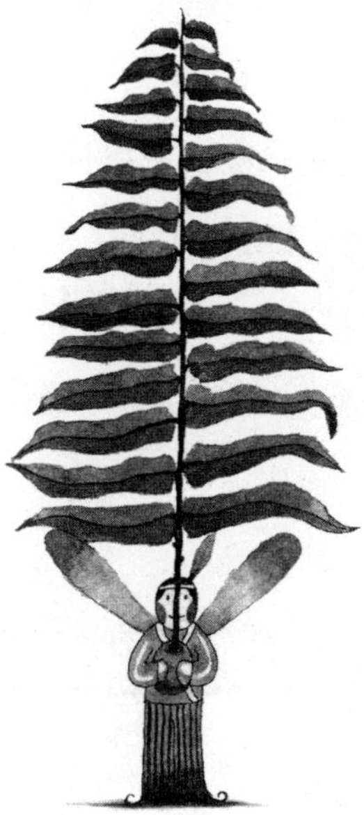

第三节　做人切不可口是心非

在当今社会，人们有一种普遍的心理：不信任。造成这种心理的原因之一大概是生活中“口是心非”的人太多了。口是心非，毫无疑问，就是表面上说得天花乱坠，而内心则并非如此；表面上对你百依百顺，而实际上则是我行我素；嘴里说着对你的赞誉之词，而内心则是诅咒你不得好死。如果长期生活在这些人当中，吃过几次亏之后，无论是谁都会增强戒备之心，对他的话多加上几个问号。但是话又说回来，如果每个人都变成了这样，都像戴着一副假面具那样，那生活还有什么意思呢？人与人之间的真诚、友爱都到哪里去找呢？所以说，我们每一个人，特别是年轻人，要努力去扭转这个局面，要学会真诚，切不可做口是心非的人。

口是心非，对别人不真诚，会使你失去许多宝贵的东西。就像上面说的，表里不一，对别人人前一面，人后一面。反过来，别人对你也会如此，仔细想一想，这样的生活，你还会觉得有意思吗？每天都要去琢磨别人讲的每一句话，哪句话是真的，哪句话是假的，时间就慢慢会在你的眼前无声无息地流逝掉。生活中其他的事你就会无暇顾及。

口是心非的人最善于钩心斗角。因为他就是每天都在考虑如何表面应付别人，行动上又如何去算计别人。与这种人为伍是非常危险的。因为你不知道他心里到底是怎么个想法。在文学史上，《伪君子》中的达尔杜弗是口是心非的最典型的代表，他已成为“伪善、故作虔诚的奸徒”的代名词。他表面上是上帝的使者，虔诚的教徒，而实际上则是个色鬼，是个贪财者；他表面上对奥尔贡一家恭维，而实际上则用最卑鄙的手段去谋害这一家人。可以说他是个表面上好话说尽，实际上则是坏事做绝的最无耻、最卑鄙的小人。但是他最终的结局呢？他的这一套无耻的手段终于被人识破了，西洋镜最终被人揭穿，达尔杜弗成了万人唾弃的小人，他整天苦心算计别人，最终倒把自己推进了万丈深渊。

口是心非与虚伪可以说是等同语。因为口是心非的人为了掩饰自己内心的想法，必然要用谎言去应付别人。谎言说多了，被别人识破了，他也就成为一个虚伪的人。我想，只要有点自尊心的人都是不愿被别人称为“伪”人的。一旦在别人的心目中是个虚伪的人，那你的生活将是很痛苦的，到处充满不信任的眼光，因为到处是不信任的口吻，转过身来人们对你应付一下，转过身去你将成为众矢之的，那滋味真是难受极了。

作伪或说谎，即使它可能在某些场合发挥作用，但总之，其罪恶是远远超过其益处的。因为经常作伪者绝不是高尚的人而是邪恶之人。当然，一个人不可能一下子就变坏。一个人起初也许只是为了掩饰事情的某一点而做一点伪事，但后来他就不得不做更多的伪事，说更多的谎话，以便于掩饰与那一点相关联的一切。总结起来，做伪事说谎话，口是心非大概出于以下几种目的：其一是为了迷惑对手，使对方对自己不加防备，以便达到自己的目的；其二是为了给自己留一条退路，这也是为了保全自己，以便再战；其三，则是以谎言为诱饵，探悉对手的意图，这种人是最危险的。西班牙人有一句成语：说一个假的意向，以便了解一个真情。也许，这些目的有的可能不能算作太恶。但作为口是心非者，其说谎或作伪的害处却是很大的。首先，说谎者永远是虚弱的，因为他不得不随时提防被揭露，就像一只伪装成人的猴子一样，它要时刻防备被人抓住尾巴；其次，口是心非者最容易失去合作者，因为他对别人不信任、不真诚，别人也就以其人之道还治其人之身；其三，也就是最重要的一点，是口是心非者终将失去人格——毁掉他人对自己的信任。我想，世界上恐怕没有比失去人格更可悲、可痛的事了。

因此，做人就要做个真诚的人，要言行一致。的确，在算计别人中度过一生，是不可能的，即使可能，也是很累、很痛苦的一生。坦诚地做人，用一颗真诚的心去对待别人，千万不要做一个口是心非的小人。

第四节　将你的真情展示给别人

如果没有内心的正直和基本的品格力量，生活的挑战最终会使真正的动机暴露出来，人际关系的失败最终将取代短暂的成功。

斯蒂芬·柯维埋头研究了美国自1776年以来发表的论述成功之路的著作。他差不多阅读和浏览了诸如自我完善、大众心理学和自助领域里的数百本（篇）书籍、文章和小品文，手头积累了一个自由和民主的民族对成功生活的关键所在的真知灼见。

他注意到，几乎所有前150年左右该方面文献集中探讨的是可称之为“品格伦理学”的问题，并以此作为成功的源泉，比如正直、谦让、忠诚、自制、勇气、公正、坚韧、勤劳、质朴、虚心和推己及人等的金科玉律。本杰明·富兰克林的自传是那一类文献的代表作，它基本上讲述了富兰克林本人努力将某些原则和习性深深融入自己本性的故事。

品格伦理学认为，生活中存在着有效的基本原则，一旦人们了解了这些原则并将它们融入自己的基本品格之中，他们就会获得真正的成功和持久的幸福。

但在第一次世界大战后不久，对成功的基本看法由“品格伦理学”转向了柯维称之为“性格伦理学”的学说。自此成功越发成为由性格、公众印象、态度和行为举止以及使人际交往过程变得顺畅的技巧所决定的问题，这一性格伦理学实际上分成了两个分支：一是人际和公共关系的技巧；另一种是积极的精神态度。这种哲学的某些内容以某些激奋人心和往往应验的格言加以表述，例如“你的态度决定你的高度”，“微笑比皱眉能赢得更多的朋友”和“想得到必然做得到等”。

柯维认为，性格伦理学的以下基本内容，即性格成长、交际才能培训、影响策略和积极开动脑筋方面的培养，在某些情况下，它们是成功的关键。但这些要素是次要的品质，而不是首要的品质。或许，在动用我们人类的能力，在祖先的基业上建造大厦时，我们已不知不觉地变得如此关注我们的大厦，竟忘了承载大厦的基础；或者，在我们没有播种也许忘了必须播种的土地上想要收获。

如果一个人试图以人际感化术来使他人为自己所用，更勤奋地工作、更有干劲、喜欢自己和彼此相爱，而他的品质却存在着基本的缺陷，充斥着欺诈和伪善，那么从长远看，他是不能取得成功的。

一个人的口是心非会酿成不信任，他所做的一切，即使使用所谓的睦邻术，也可能将被人视为玩弄权术。不管他的话讲得如何动听，甚至他的意图是如何善良，均一点都不起作用。如果缺乏信任或没有信任，就没有取得永久成功的基础。唯有根本性的优秀品质才赋予技巧和生命力。

将注意力集中在技巧上犹如上学死记硬背。你有时候可以勉勉强强地蒙混过关，或许甚至会取得好成绩，但如果你不日复一日地用功，你就不可能真正掌握你所学的课程或养成有教养的头脑。

你想过没有，种庄稼糊弄事——春不种，夏嬉戏，秋抢割以求丰收，将会何等的可笑？农活有其自然规律。人们必须付出辛劳的汗水，必须不违农时，你只能种什么收什么，偷懒是不行的。

在人的行为上、在人际关系上，这一原则最终也是千真万确的。它们也是基于收获法则之上的自然规律，就短期而言，在一个诸如学校的人为社会系统内，只要你学会了如何巧妙地应付人为的规则，“按规矩做”，你就可以蒙混过关。在大多数一次性交易或短期的人际交往中，你可以以性格伦理学来侥幸取胜，可以以魅力、技巧或佯装对他人的嗜好感兴趣而给别人留下良好的印象。你可以捡起一些在短期场合有效的便捷技巧。但仅有这种次要的品质在长期的关系中不会产生永久的价值，如果没有内心的正直和基本的品格力量，生活的挑战最终还是会使你的真正动机暴露出来，人际关系失败的最终将会取代短暂的成功。

许多具备了优秀品质的人才能获得社会公认，在品格上缺乏首要品质和长处的人，或早或晚会在他们与人所处的每一个长期关系中看到这一点，无论这一关系是与一个生意伙伴的，是与配偶的、朋友的，还是与一个正在历经认同危机的十几岁孩子的。在交往中，最有说服力的就是品性。正如爱默生曾说过的那样：“对我来说，你的为人胜过你的雄辩。”

当然，也有这种情况，有的人品格不错，但缺乏交际的技能，那当然也会影响到关系的质量。不过这种影响还是次要的。

第五节　用自己的真个性坦荡地生活

有些人终其一生始终隐藏着自己的真实面目，他们脸上所戴的面具，使自己远离了真实的生活。

艾薇儿从小就特别敏感而腼腆，她的身体一直很胖，而她的一张脸使她看起来比实际还胖得多。艾薇儿有一个很古板的母亲，她认为把衣服弄得漂亮是一件很愚蠢的事情。她总是对艾薇儿说："宽衣好穿，窄衣易破。"母亲也总是这样来帮艾薇儿穿衣服。

艾薇儿从来不和其他孩子一起做室外活动，甚至不上体育课。她非常害羞，觉得自己和其他人都"不一样"，完全不讨人喜欢。

长大之后，艾薇儿嫁给一个比她大好几岁的男人，可是她并没有改变。她丈夫一家人都很好，对她充满了信心。艾薇儿尽最大的努力使自己像他们一样，可是她做不到。他们为了使艾薇儿开朗而做的每一件事情，都只会令她更退缩到她的壳里去。并且艾薇儿变得紧张不安，甚至躲开了所有的朋友，情形坏到她甚至怕听到门铃响。艾薇儿知道自己是一个失败者，又怕她的丈夫会发现这一点。所以每次他们出现在公共场合的时候，她假装很开心，结果常常做得过分；事后，艾薇儿会为此难过好几天。最后她不开心到觉得再活下去也没有什么意义了，开始想自杀。

有一天，她的婆婆正在谈她怎么教养她的几个孩子，婆婆说："不管事情怎么样，我总会要求他们保持本色。”

“保持本色！”就是这句话！在一刹那之间，艾薇儿才发现自己之所以那么苦恼，就是因为她一直在试着让自己适应于一个并不适合自己的模式。正是婆婆随口说的一句话，自此改变了艾薇儿的整个生活。

艾薇儿后来回忆道：“在一夜之间，我整个改变了。我开始保持本色。我试着研究自己的个性，自己的优点，尽我所能去学色彩和服饰方面的知识，尽量以适合我的方式去穿衣服。为了主动地去交朋友，我参加了一个社团组织——起先是一个很小的社团，他们让我参加活动，把我吓坏了。可是我每发一次言，就增加了一点儿勇气。今天我所有的快乐，是我从来没有想到能得到的。在教养孩子时，我也总是把我从痛苦的经验中所学到的教给他们：‘不管事情怎么样，总要保持本色。’”

世界上最可怜、最痛苦、最不幸福的人，莫过于那些迷失自我的人。一个人弃绝了矫饰而成为真正的自己时，他的满足与轻松是无与伦比的。

许多人终生过着化装舞会式的生活，他们戴上各种面具，希望避开他人的责难。他们把真实的自我深锁在面具之后，把它当做令自己害怕的黑暗秘密。

有些人终其一生始终隐藏着自己的真实面目，他们脸上所戴的面具，使自己远离了真实的生活。弱者往往戴上自尊自强的面具，以掩饰他们容易受伤的弱点；对自己的美貌感到骄傲的女人往往戴上冷漠的面具，以掩饰她渴望受宠的需求；认为自己失败的男子，可能会戴上自夸的面具，令人厌烦地大谈他的成功历史；渴望早点嫁人的女孩子，却偏要假装她从未想到结婚这件事等。

这只是我们所戴的众多面具中的少数几个。有时它们能保护你，使你不会受到责难，但它们也会让你和诚实的人隔离。正是为了掩饰自己身上这样或那样的弱点，我们给自己戴上了生活的面具。

用戴面具的形式来掩饰自己的真面目，所承受的痛苦令人难以忍受。因为戴上面具后，我们就必须为了这个虚伪的东西而使本不完美的自己力求完美。所以说，为了痛痛快快地享受生活，我们还是应该尽量摘下面具，保持自己纯真的一面。

当贝蒂·福特成为美国第一夫人时，她以坦白率直而闻名，紧追不舍又唯恐天下不乱的新闻记者问到她对各种问题的观点时，她总是直率而坦白地回答。有一次，一个冒失的记者甚至问她和丈夫做爱的次数，当时她竟能从容不迫地回答："尽我所能的多。"另外，她也不想隐瞒有关她早期精神崩溃及服用药物、酒精等有损名誉的过去。

有像福特夫人这种坦诚个性的人，一定能获得真正的友谊。虽然不能保证坦白会使你获得普遍的欢迎——有些保守团体就对福特夫人的观点持反对的看法。但你愿意坦白，自然会有人爱你。

教皇保罗八世之所以到处受欢迎，部分原因是他完全不掩饰他的缺陷。他一生都很胖，而且出身于贫苦的农家，但他从不掩饰外貌与出身的缺陷。在他当上教皇后，有一次去拜访罗马的一所大监狱，在祝福那些犯人时，他坦诚地说他这一次到监狱是为了探望他的侄子。很多人认为他是耶稣的化身，因为除了他知道怎样分享别人的苦乐之外，另一个原因就是他坦率真诚。

人生在世，能以本色天性面世，不费尽心机，不被那些无所谓的人情客套、礼节规矩所约束，能哭能笑，能苦能乐，泰然自在，怡然自得，真实自然，保持自己的个性特点，岂不快哉？

第六节　别让“虚名”连累了自己

“虚名”是大多数人追求的，有的人为了追求虚名甚至牺牲一切。要知道，虚名其实是虚无缥缈的。所以，你不必过分奢求。对于身处名利场的人来说，更要懂得这个道理。

自古以来那些胸怀大志者更是把求名、求官、求利当做终生奋斗的三大目标。三者能有其一，对一般人来说已经终生无憾；若能尽遂人愿，更是幸运之至。然而，从辩证法的角度看，有取必有舍，有进必有退，就是说有一得必有一失，任何获取都需要付出代价。问题在于，付出的值不值得。在求取功名利禄的过程中，人们应当少一点儿贪欲，莫被名利遮住眼。

客观地说，求名并非坏事。一个人有名誉感就有了进取的动力；有名誉感的人同时也有羞耻感，自然也就不想玷污自己的名声。但是名与实应该相符；若名不符实，一旦让人窥破，便自贬身价，为人所不齿。所以实际的才学、道德才是根本，名声只是枝末。

同时，还应注意的是什么事都不能过于追求，只要过分追求，又不能一时获取，求名心太切，有时就容易生邪念，走歪门。结果名誉没求来，反倒臭名远扬，遗臭万年。君子求善名，走善道，行善事。小人求虚名，弃君子之道，做小人勾当。古今中外，为求虚名而不择手段，最终身败名裂的例子很多，确实发人深思。有的人已小有名气，还想名声大振，于是邪念膨胀，结果连原有的名气也遭人怀疑，其更可悲。

唐朝诗人宋之问，有一外甥叫刘希夷，很有才华，是一年轻有为的诗人。一日，希夷写了一首诗叫《代白头吟》，便到宋之问家中请舅舅指点。当宋之问读到“古人无复洛阳东，今人还对落花风。年年岁岁花相似，岁岁年年人不同”时，他情不自禁地连连称好，忙问此诗可曾给他人看过，希夷告诉他刚刚写完，还不曾与人看。他于是就说：“你这诗中‘年年岁岁花相似，岁岁年年人不同’二句，着实令人喜爱，如果其他人不曾看过，就让给我吧。”希夷说：“此二句乃我诗中之眼，若去掉，全诗无味，万万不可。”晚上，宋之问睡不着觉，翻来覆去只是念叨这两句诗。心中暗想：此诗一面世，便是千古绝唱，名扬天下，一定要想法儿据为己有。于是起了歹意，命手下人将希夷活活害死了。

后来，宋之问获罪，先被流放到钦州，后又被皇上勒令自杀，天下人闻之，无不拍手称快。诗人刘禹锡说：“宋之问该死，这是上天的报应。”

因此，追求虚名是人性的一大弱点，是害别人也是害自己的祸患。名人最易遭到嫉妒、攻击，他们一方面嫉妒、攻击别人，另一方面，也受着别人的嫉妒、攻击或倾轧。出名带来的不仅有鲜花、掌声和笑脸，还有毒刺、冷箭。这一点对于演艺圈里的明星们来说，可能体会最深。演艺界明星是追求虚名、浮华的代表。他们活跃在聚光灯下，成了大众情人和公众偶像，他们到底是谁，恐怕连他们自己都不知道了，他们已经被舆论、传闻和流言弄得面目全非，乱哄哄的。你方唱罢我登场，反认他乡是故乡。

对一般人来说，演艺圈是个神秘、又可望而不可即的“魔圈”，明星们都是些绝顶聪明、漂亮、可爱、不食人间烟火、过着神仙般日子的“宝贝”，有着卓尔不群的才情、相貌，或英俊潇洒，或千娇百媚，是世界上最自由、最浪漫的一群人。他们有漂亮的衣服，有大把大把的金钱，浑身珠光宝气，派头十足，乘坐豪华轿车，出入星级酒店；他们无所不谈，无所不会；他们侠义、善良，假如他们扮演的是正面人物的话；他们狡诈、邪恶，假如他们扮演的是反面角色的话；他们有无数的崇拜者，处处可感受到别人好奇、艳羡、赞叹的目光，他们被卷在鲜花、美酒的幸福旋涡中。

因此，人们如痴如狂地凝视着影视作品中的英雄美人，不觉把他们奉为心中的偶像，可假如撩开影视明星们的面纱，卸下他们的“伪装”，洞穿他们的真实形象，也许就会发现，除了耀眼的星光，他们还要承受常人难以想象的痛苦和寂寞。演艺圈既是“销金窟”，也是“是非窝”。因为名声、名气不仅意味着无限风光，还意味着要使自己成为众目睽睽的焦点，成为大众媒体“刀俎”下的鱼肉和不存在个人私密空间的“透明人”、“玻璃虫”，意味着成为绯闻、花边新闻和流言蜚语包裹追逐的对象。众人的目光就像一条条无形的绳索，将名人、明星捆在生命祭坛的十字架上。他们的一言一行都在人们的议论之中，他们的一举一动都可能招致媒体一番穷追猛打，他们是大众茶余饭后的谈资，时时被品头论足。有些知名人士，不得不言行举止格外小心，战战兢兢，如履薄冰，一不小心，自己的私生活就暴露在光天化日之下，受着众人的谈论甚至嘲笑。他们感到生活得非常累，非常不自由。于是，一些明智的人就尽力逃避名声，不愿出名，就像美丽的禽鸟逃避猎枪和罗网一样，因为，一旦被捕获，欲罢不能，就失去了生活的自由自在。

如今的影视演员有几类：出名的和未出名的，知名度高的和知名度一般的，已被捧为“星”的和尚未被捧红，却深信一定能成为“星”的。

他们凡属前一类，面孔大都被人熟悉，除银幕荧屏外，还有五花八门的报纸、杂志封面、广告等不厌其烦地展示他们的五官、身材的魅力，弄得他们只要出门，便有半街人喊出他们的名字，对他们行注目礼，还有半街人渴望除了能够喊出他们的名字外，还能够知道有关他们的一切。他们自己的一切不得不暴露给人看：婚姻、家庭、事业以及种种琐事和隐私，包括在哪看的牙科大夫，穿多大号鞋，用哪种化妆品。他们只好提高警惕，小心谨慎，时时意识到自己是在供人观赏，时时得注意别人的反应，犹如惊弓之鸟。

而另一类人渴望成“星”，渴望出名，他们也就渴望别人熟悉自己的面孔，知道自己的一切，他们时时不忘自己的演员身份，招摇过市。他们到处大谈特谈自己的某一个角色、某一次遭遇，如数家珍，他们竭力要引人注意，竭力将自己暴露给别人看。

尽管他们有许多不同，但在重要一点上是相同的，那就是他们都不同程度地染上躁狂症。躁狂症的典型症状是情绪不稳定，有易激怒性，常以敌意或暴怒态度对待别人的干涉和反对；同时，自我感觉良好，自命不凡，盛气凌人，认为自己才华出众，能力过人。极为严重时，呈重度兴奋状态，表现为活动紊乱但毫无目的或指向性，常伴有攻击行为，也可能出现意识障碍、错觉、幻觉及思维不连贯等症状。患有此种心理疾病的娱乐圈明星们，通常的临床表现为做出一些与自己公众形象、社会地位极其不符的过激行为，或是在社交方面变得狂妄、不谦虚甚至胡言乱语。

一个想真正有所作为的人，就不要把名利看得太重，而应抱着淡然一笑的态度，不为名利牵累。有一句话说得好：“宠辱不惊，看庭前花开花落；去留无意，望天上云来云往。”上士忘名，中士立名，下士窃名。如果我们把名利看得太重，就很容易去拼命钻营。这样，得到名利时会失去品格，得不到名利时会变得痛苦。特别是那些为名所迷，为名所惑的人，最终必定会为名所累，为名所害。

可见，一个人得到的名声，并不是因为他出了什么特殊的业绩；而名声的退却，也并不是因为这个人犯了什么罪行。记住：虚名只是一个头衔，它的存在会给你引来一些人的妒忌。相反，你若能淡然地看待名利，将有可能收获美满的人生。

CHU TOU DE ZHE LI

出头的哲理

下篇

PART 6 第六章

话到嘴边留半句

HUA DOA ZUI BIAN LIU BAN JU

俗话说，“逢人只说三分话，不可全抛一片心。”每个人的内心都是一个独立的世界，很多隐秘的想法是不为外人所知的。且不说对方是否有秋后算账的心思，你的口无遮拦也必将给自己以后的道路设下许多的障碍。所以，谈话时不要只顾及自己，要学会倾听别人的一些建议。

第一节　三思而后言

大多时候，人们惹出的灾祸都是因为图一时之快而惹出来的麻烦。拥有这种坏习惯的人，通常的表现是，只要自己高兴，就完全不顾忌说话的对象和场合。也是在这个时候，一些不合时宜的话便统统地说了出来，之后，便不断有麻烦找上他。

在魏晋时期，有这么两位避世、特立独行的高人：嵇康和阮籍，他们为人处世的态度大致相同，但最后的人生结局却是大相径庭。嵇康被司马昭以不守礼教的罪名杀害，阮籍却得以保全余生。究其原因，只不过是因为前者口无遮拦，得罪了很多人，这些人一旦掌权，自然千方百计地罗织罪名，将他置于死地；而阮籍懂得“口不彰否人物”，虽也放浪不羁，却没人找他的麻烦。

俗话说，“逢人只说三分话，不可全抛一片心。”每个人的内心都是一个独立的世界，很多隐秘的想法是不为外人所知的。且不说对方是否有秋后算账的心思，你的口无遮拦也必将给自己以后的道路设下许多的障碍。所以，一定要谨言慎行。

不要以为大丈夫光明磊落，事无不可对人言，何必只说三分话呢？这样做也不是不诚实的表现，只是让你自己学会先吃透对方，再开口说话也不迟。先摸清对方的脾气禀性，以及对一些事物的看法等，这样才能把和对方的谈话继续下去。何况，有些事情你想说，对方还不见得想听呢。

“逢人只说三分话”是一种试探，就如同是投石问路，这三分话就像是投出去的石子，石子投出去才能在一定程度上确定前面是不是有路，可以判断是继续前行还是应该拐弯。

孔子曰：“不得其人而言，谓之失言。”如果你和对方的交情一般，你的滔滔不绝、自说自话，会给对方留下什么印象，带来什么反应呢？如果你说的是属于你自己的事，那对方是否愿意听你的？彼此关系本来就比较淡薄，想要深谈下去，势必显出你缺乏一定的修养；你说的话，若是有关对方的，你又没有和对方有深交情，不是对方的挚友，也不具备和他深谈的资格，所谓的“交浅言深”，反倒显出了你的冒昧。

每个人都有弱点和缺点，但是这些弱点和缺点，一旦从别人的嘴里出来，就成了短处和隐私。这是人际交往中的一个大忌。如果遇到有人说某某人的短处时，你唯一的办法是听了就算了，就像别人告诉你的秘密一样，三缄其口，不可做“传声筒”，并且不要深信这些片面之词，更不必记在心上。如果贸然把听到的片面之言宣扬出去，十有八九会被认为你是颠倒是非，混淆黑白。说出的话就像泼出去的水，是收不回来的。当你明白自己说错了时，你还能把话从别人的耳朵里掏出来吗？

一方面，你不应散布别人的谣言，另一方面，对自己的秘密也应该少说为妙。这是保护自己的一种方法。

每个人都有许多秘密，我们或许因一时烦闷找人去倾诉，但这样做的结果，很可能会把秘密泄露出去而自取其辱、自找倒霉。世界是复杂的，我们“抛出一片心”，说不定正好落进了别人的陷阱。

你在工作中遇到的麻烦或者是承受的压力，以及你对某个同事的看法，甚至是不满或者批评，这些对你来说可能憋在心里，不吐不快，往往在这个时候，如果倾吐的心情太过急迫，就可能会导致对倾吐对象不加选择，甚至是根本就不进行选择。而当你毫无顾忌地向别人倾吐这些心事时，这些言论就很可能日后被人拿来当成反驳你的武器，你的一时痛快换来的是日后的烦恼，甚至是前进路上的障碍。那么，对好朋友是不是就可以说说心事呢？还是劝你要小心为妙，尤其是那些你认为是好朋友的人，因为你目前的“好”朋友未必也是你未来的“好”朋友，这一点你必须了解。

小芳刚毕业才一年多就担任了老板的秘书，她踏实、勤奋、细心、周到，很受老板的赏识，公司的其他几位领导也对她另眼相看，都愿意与她交谈，或让她替他们办一些私事。尤其是主管营销的副总，对她非常信任，有时把公司领导之间的一些事情也讲给她听。

和小芳一起进公司的其他同事，有的人为了升职或加薪，就想方设法通过小芳接近公司的一些上层。但是主管营销的副总对此十分反感。时间长了，小芳就觉得非常的郁闷，心中有那么多的秘密不能倾诉。所以后来她在与一个十分要好的朋友闲谈时就把副总讲的事情说了。把秘密和别人一起分享，心理的压力也就轻松多了。但是没想到，她的那位好朋友为了让公司领导对自己多加注意，就把她的话一五一十地告诉了老板。后来她这位朋友倒是如愿以偿地得到了提拔，而小芳则在老板找她作了一番貌似肯定实则否定的谈话以后，离开了秘书岗位，去做了一名普通的营销人员。

当然并不是事事都得防着别人，甚至是防自己的好朋友，但一定要分清楚哪些事情是可以和别人分享的，哪些事情即使是再好的朋友也不能说的，尤其要分清谈话的对象。切不可因为一时的苦闷就将心里的秘密全盘托出，自己是痛快了，可往往被那些心怀叵测的人利用，从而给自己带来麻烦。把不知底细的人当做知心朋友，动辄一吐心声，是危险的，特别是与同事交谈，更要把住“口舌关”。当别人向自己倾诉知心话时，感到如果自己不同样把心掏出来就好像背了人情债一样，实在是没有必要。因为人际关系是变化无常的，万一哪句话犯了对方的禁忌，今天的知心朋友或许就是明天的对手，你的知心话就会成为明天握在他人手中的把柄。

在与人交谈时，要注意你所说的话，对方是不是很感兴趣；在谈论自己的私事时，对方是不是很关心；在聊别人的事时，是不是欠妥当，等等。倘若只是不分场合胡乱地说话，只会给自己找无谓的麻烦，所以，在与他人交谈时，你一定要“三思而后言”。

第二节　多听少说是做人之道

总喜欢出风头，事事都要表现得比别人强的人，不会有很多的朋友。相反的，谦虚倾听，并适时赞赏他人，才是最让大家喜欢的性格。

处事时，你一定要做到多听少说，谈话时不要只顾及自己，要学会倾听别人的一些建议，在沟通不良造成浪费时间的时候，你要学习的是做一位好听众，这对每一个人都很重要。

在美国，一位很有名的汽车推销大王乔·吉拉德，曾经有一次非常深刻的体验。

有一次，某位名人去买他的车，他推荐了一种最好的车型给他。那人对车很满意，并掏出了1万美元的现钞，这桩生意眼看着就要成交了，没料到对方却突然变卦离去。为此，乔懊恼了一个下午，百思不得其解。

到了晚上，他忍不住给那人打电话："您好！我是乔·吉拉德，我曾经向您介绍一部新车，眼看您就要买下，为什么突然间却走了呢？我不太理解您的做法。为这件事我检讨了一个下午，实在是想不出自己到底哪里错了，因此必须打电话向您讨教一下！"

"真的吗？"

"肺腑之言。"

"很好！你在用心听我所讲的话吗？"

“当然非常用心了。”

“但是今天下午我所讲的你根本没有用心听。就在签字之前，我提到我的吉米即将进入密歇根大学念医科，我还提到关于他的学科成绩、运动能力以及他将来的抱负，我以他为荣，而你却毫无反应。”

乔根本记不起对方曾说过这些事，主要原因是当时他根本没有注意到。因为乔认为已经谈妥那笔生意了，他不仅无心听对方在说什么，而且已经在自豪地给办公室内另一位推销员演示怎样将车卖出去的过程。这就是导致乔失败的原因：那人除了买车之外，其实更需要得到对方对自己优秀儿子的称赞。

上帝给了我们感官，并不是要我们通过这些器官来表演自己的优秀，而是给我们的思维安装上门窗，让我们通过它认识外面的世界，感受他人的思维。在社会交往中，总喜欢出风头，事事都要表现得比别人强的人，不会有很多的朋友。相反的，谦虚倾听，并适时赞赏他人，才是最让大家喜欢的品格。

“少说”是为了掩藏自己的弱点，“多听”是为了给他人表现的机会，从而发现他人的特点，并加以利用。同时，少说多听，也可以避免你得意忘形。喜欢在人前卖弄小聪明的人，通常被人讨厌。

著名的魔术师霍瓦特·土斯顿40年里走遍了全球。他的魔术令观众目瞪口呆，6000万观众看过他的表演，他挣了近200万美元。

当有人请求土斯顿披露他成功的秘密时，他说，魔术书有上百种，但是，他有两个常人没有的优势：第一，他善于在台上表演。他是一个技艺非凡的演员，深知人的本性，每一个手势、语调、微笑等都经过了详细的研究；第二，他对观众真正感兴趣。很多魔术师看着观众，心里自言自语：“来的都是些头脑简单的人，我随便玩弄他们。”土斯顿完全持另一种观点。他每次出场，用他自己的话讲，都这样对自己说："我感谢这些来看我演出的人，因为靠他们的帮助，我的生活才有了保障，我应尽量为他们表演好。"

伊萨克·马克森，他可以说是世界上一等的名人访问者。他认为，许多人不擅长人际交往是因为不注意听别人讲话。"他们太关心自己要讲的下一句话，而不是打开他的耳朵。一些大人物告诉我，他们喜欢善听者胜于善说者，然而善听的能力，似乎比其他任何的物质还要少见。"

不仅仅是大人物喜欢善听的人，其实普通的人也是一样的。正如有些人所说的："许多人去找医生，然而他们所需要的仅仅是一名听众而已。"

在美国，南北战争期间可以说是最黯淡的日子，林肯向伊利诺依州春田城的一位老朋友写一封信，请他到白宫来一趟。林肯说他有一些问题要同他讨论。这位旧邻来到白宫，林肯跟他谈了好几个小时，探讨关于发表一个声明——解放黑奴是不是可行的问题。

林肯细心地检视这一行动是否可行的理由，然后把一些信和报纸上的文章念了出来。当他说了数小时以后，林肯就与这位旧邻握握手，道声再见，然后就送他回伊利诺依州，甚至根本就没有问他的看法是怎样的。

只有林肯一个人说个没完，这似乎使他的心境愉快起来。那位老朋友就说："在他说过话之后，似乎感觉到心里好受多了。"林肯并非要别人给他一些忠告什么的，他所要的只是一个友善的、具有同情心的听众，便于解脱自己的烦闷与苦恼。

有时，朋友仅需要一个倾诉的对象，而你却在不知不觉地充当自我表现的角色。学习倾听，对每个人来说都是非常重要的。请记住，上帝给了你两只耳朵，但却只有一张嘴。就是要让你多听少说。

第三节　不可将话说得太满

在一些场合说话要懂得“话不说满，模糊表态”的道理，不能给他人留下话柄，这样可以让你在一些复杂的、困难的和尴尬的局面中为自己留条后路。

所谓“话不说满，模糊表态”即是采取恰当的方式、巧妙的语言，对别人的请求或者是意见做出间接的、含蓄的、灵活的表态。其特点就是不直截了当地表明态度，避免最后事与愿违的尴尬和责任的承担。

单位领导就某项决策征求职员意见的时候，在表现自己的同时，别忘了给自己留一条后路。当你在单位决策上发表自己看法的同时，别忘记加上一句话，“这仅仅是我个人的想法，还要看上级最终的决策”。

事情办成了当然是皆大欢喜，但如果出现了问题，每个人因为自保都会推卸责任的，而这时的关键就在当时大家发表意见时每个人的说法上了。

一个公司的产品部经理在对每个产品进行市场预测的初期，总是要开公司会议，还经常叫上销售部和设计部的人共同讨论。同时私底下他也会征求别人的个人意见。

正所谓“初生的牛犊不怕虎”。开会的时候，公司新来的两个员工吴兵和苏伟都表达了自己超前的思想，得到了公司领导包括销售部和设计部的好评。而且两人在阐述自己想法的同时，还强调如果按照他们的方法做一定会成功。产品部经理当即表示要吴兵和苏伟一起写一份详细的计划书出来，公司一定会认真考虑。此话一出，吴兵和苏伟欣喜若狂。作为新人的他们能得到领导如此重视，想来自己也算是幸运的吧。但是新产品在制作的过程中出现了问题，这令公司上下非常紧张。

事后，当公司处理这个问题责任的时候，吴兵和苏伟成了众矢之的。而本该为这个项目负责的产品部经理，参与产品研讨的销售部经理、设计部经理都相安无事。最后，吴兵和苏伟出于无奈，递交了辞职信。

事外的人，大概都认为那些领导应该为这件事情负责吧。正常来说，领导不仅肩负管理本部门的工作，对于公司发展和重要决策的决定他们也应该负90%以上的责任。但这次公司新产品出了问题，为什么不让领导来负责，而是拉出了吴兵和苏伟这两个“替罪羊”呢？原因就出在产品部经理让吴兵和苏伟共同写的计划书上。当初让他们写的原因是希望参考年轻人的想法，当然，如果出现问题自然有文字上的东西为公司的中层们开脱。

“话不说满”就是为了给自己留有回旋的余地。有些问题需要进一步了解事实真相，或看看事态的发展及周围形势的变化方可拿主张。吴兵和苏伟也有问题，他们不懂得“模糊表态”的说话方法，最终留下了话柄。他们在开会时不仅表明了自己的想法，还要在后面加上按照这个方法来做一定能够成功的表态。这种飘飘然的自我夸大，也注定了他们最后自讨苦吃的结果。当公司要追究责任的时候，产品部经理把吴兵和苏伟共同写的文书一交，自然把自己的责任推得一干二净。

当别人征求你意见的时候，在阐述自己想法的同时，一定要注意“话不说满”，千万别忘了加上一句“这仅仅是我个人的想法，还要看上级的最终决策”。这样不仅表达了自己的看法，关键时刻还不用负责任，以便达到明哲保身、留有后路的目的。

有时候“话不说满”还可以作为拒绝别人的最佳方法，既留给了对方的面子，也不会让自己为难。它可以让对方保留一点儿希望之光，有利于稳定对方的情绪。

当有人要求你解决或答复问题的时候，他的内心其实一定寄予着厚望，希望事情能如愿以偿，圆满解决。如果突然遭到生硬的拒绝，由于缺乏必要的心理准备，很可能因过分失望或悲伤，心理上难以平衡，情绪难以稳定，而产生偏激言行，有碍于人际交往。相反，倘若话不说满，把一切都尚未完全说死，则使他感到事情并非毫无希望，也许经过更多的努力或者过一段时间机会就会降临，事情就会向好的方向转化，因而情绪便于趋于稳定。

任何事情的发展变化都得有个过程，有的还得有一个相当长的演变过程。当事情处于发展变化初期，实质性的问题尚未表露出来，这就难以断定其好坏、美丑、利弊、胜负等。这时，你就需要等待、观察、了解研究，切不可贸然行事，信口开河地去下定论、瞎承诺。

“话不说满”就能给自己留下一个仔细考虑、慎重决策的余地。否则，君子一言，驷马难追，这样不仅给人际关系造成不应有的损失，也会影响自己的前途和声誉。

第四节　适当地打开沉默

在商业或私人交际中，适时沉默是一项有效的沟通技巧。保持适当的缄默，让自己身在暗处，令人难以琢磨，反而更能占据主动。

有张有弛的谈话在人际交往中至为重要。古人曰：有道德的人，绝不泛言，有信义者，必不多言，有才谋者，不必多言。多言取厌，虚言取薄，轻言取侮。与人交流，不是话说得越多，影响力就越大。有时候，沉默反而具有不可思议的影响力。

“雄辩是银，沉默是金。”一位著名的心理学教授解释说：“沉默可以调节说话和倾听的节奏。沉默在谈话中的作用就相当于零在数学中的作用。尽管是‘零’，却很关键。没有沉默，一切交流都无法进行。”

沉默与精心的措辞有时具有同样的表现力，就好像音乐中音符与休止符一样重要，能产生更完美的和谐，更强烈的效果。

因此，在研究“要怎么说话”之前，应该先了解“要怎么不说话”。

沉默并不代表没有声音。在商业或私人交际中，适时沉默是一项有效的沟通技巧。保持适当的缄默，让自己身在暗处，令人难以琢磨，反而更能占据主动。商业谈判中尤其如此。

一个印刷业主得知另一家公司打算购买他家的一台旧印刷机，他感到非常高兴。经过仔细核算，他决定以250万美元的价格出售，并想好了理由。

当他坐下来谈判时，内心深处仿佛有个声音在说："沉住气。"终于，买主按捺不住，开始滔滔不绝地对机器进行褒贬。

卖主依然一言不发。这时买主说："我们可以付您350万美元，一个子也不能多给了。"不到一个小时，买卖成交了。

作为消费者，许多人在购买商品时，喜欢讨价还价，为了得到最低价，不惜把商品贬得一文不值。其实，这样做并非上策，有时甚至适得其反，因为如果你的话太过分，有的商家会很生气，甚至可能一气之下，不卖给你了。如果你对商品的质量与价格已有一定的了解，在商家面前，不妨保持适当的沉默，让商家开出商品的最低价。

台湾作家刘墉的《有话好好说》一书中也有类似的故事：

老王想买一处房子。那房子他见过，他的同事老孙就住在那里。老伴还在老孙媳妇的陪同下去和开发商议过价。老王想以更低的价格买下，于是决定亲自出马。看房那天，刚巧老王拔了牙，嘴里塞了棉花，没有说一句话。结果，不到二十分钟，老王以四十万的低价买到了房子，比同事老孙的便宜五万，比老伴询问到的价格少两万。

我们来看老王是怎么做的。当售楼小姐问老王是否是第一次光临这一社区，他没说话，只伸出两根手指。当她继续追问上一次是什么时候，老王则没搭腔，只耸耸肩、笑笑。

进入电梯，售楼小姐告诉老王，现在只剩下三个保留户，五十坪、八十平和一百平，老王依然保持沉默，用一根手指代替了回答。

售数小姐带着老王，一间一间参观。到最后，售楼小姐说剩下的是样品屋，也是全区视野最好的一户，本来不想卖的，可是建筑业不景气，只好割爱了。看老王没说话，售楼小姐又忙着告诉他，这是减价割爱。老王还是没吭气，售楼小姐再次开口，询问他是否知道以前的价钱，老王点点头。

房子的格局跟老孙的一模一样，所以到了屋里，不用售楼小姐带，老王已经很清楚阳台在哪儿、热水器在哪儿、后门在哪儿。他特地到阳台上去看了一眼，绕着那大大圆圆的冷气主机转了一圈，摇摇头，又指指自己耳朵。他是想告诉小姐，我对这房子很了解，连它的缺点都一清二楚。

参观完毕。老王被带到销售中心的办公室。翻了翻彩色的大楼简介，老王又指指手表。售楼小姐赶紧告诉他们的经理，老王对社区已经很熟了。老王点点头，指了指价目表，摇了摇手指，掏出笔写了几个字："给我一个价钱。"

结果，售楼经理与小姐一商量，开出了最低价：四十万。

老王从头到尾，没说半个字，却比那些自以为聪明、充内行的人，获得了更好的"待遇"，并且以最低价到手，为什么？答案就是"沉默是金"。

老王的沉默显示了他的"深藏不露"。在那深藏不露之中，他又透露了一些令对方困惑的消息：他让对方知道了他的身份，知道他是第二次去，知道他对屋子的情况十分了解，知道他清楚行情，甚至让对方知道"他清楚那房子的缺点"。

相对的，售楼处却对老王一无所知。也就是说，售楼处在"明处"，老王在"暗处"。因为担心价格不合理吓跑顾客，所以他们才一下开出最低价。

在生活中，人们常常在不该说话的时候说了话，或在该说话的时候说错了话而后悔，保持适当的沉默是避免这类问题的最好办法。保持适当的沉默，除了可以令对方琢磨不透之外，还可以让你有更多的时间思考，减少说错话的几率。

第五节　给自己的秘密留个角落

俗话说："逢人只说三分话，不可全抛一片心"，这句话是警告那些心不设防的老实人，不要将自己的内心完全暴露出来。

心是人最为重要的一个器官，一旦遭到伤害，后果不堪设想。所以在古代打仗时，将领们厚厚的盔甲上都会有一块铜制的护心镜，以最大限度地保护心脏免遭袭击。

相对有形的伤害，对心的无形伤害更加令人难以防备，更让人难以承受。有一些内心不设防的人心里藏不住事儿，喜欢对人掏心掏肺。这种内心不设防的人，在生活中最容易受到的伤害。其具体表现在以下几个方面。

1.被奸人所用

"害人之心不可有，防人之心不可无"。每个人的一些关键的计划、心事与隐私，大都不适宜公开。向别人真诚的倾诉，有可能在某一天被人拿来当成攻击或要挟你的利器。把自己的秘密全盘告诉给他人，其实就是亲手为自己埋下一颗引信在他人手里的"炸弹"。你掏心掏肺地对待别人，别人有一天会真的掏走你的心肺。

2.使好人遭罪

你将一个秘密告诉了张三，张三或许会感谢你的信任。在感激你的信任之后，他要背上为你守口如瓶的责任，生怕自己一时不慎将你的秘密说了出去。这种代人保守秘密的责任，实在是一种沉重的负担。更要命的是，如果你的秘密哪一天泄露了（也许你还告诉了李四，也许只是别的猜测巧合了秘密等），张三可能将为此背上一个“莫须有”的泄密罪。即使你表明自己如何肯定不是张三泄密，张三的心里都会有阴影。因此，很多明智的人并不喜欢别人对自己掏心掏肺，因为他们知道保守秘密的责任太重。

3.产生不必要的恶果

也许有人小时候偷过钱、做过错事，这些事情过去了就过去了，汲取教训就行了。如果一定要拿来和她丈夫（妻子）或好友说，非常容易产生一些不可预料的后果。也许对方会想：原来你竟然是一个这样的人，看来……于是，爱情远去，友情淡漠。

4.难以取得他人的信任

也许你会想：看，我多么信任你，什么都和你说了，你也应该信任我才对。然而对方却不一定会信任你，相反可能会更加提防你。因为任何人只要稍微动一下脑子，就知道口风不严的你，随时都有可能将别人和你说的话到处传播。

5.失去了个人魅力

距离产生美。一个让别人一览无余的人，就像一本内容浅白没有韵味的书，激不起别人阅读的兴趣。很多影视明星之所以对“狗仔”们躲躲闪闪，就是为了保持一种神秘感，以激起“粉丝”们追星的热情。倘若他的一切被公布得世人皆知，恐怕他也就不会有追星族了。因为，他失去了个人魅力。

6.引起他人的怀疑

你对别人掏心掏肺，别人的心里可能会打小九九。为什么要对我说这些？是不是也想套出我的一些秘密？是不是有求于我？

“逢人只说八分话，未可全抛一片心”。当然，这个“八分”同样是一个不具备数学意义的模糊数字。与说“三分话”相比，说“八分话”所表现出来的是对人性的更加乐观、对自己的足够自信以及对世界的更加真诚。

第六节　让你的同事表现得比你优秀

当你看到同事的长处与成绩时，要学会制造机会让他们表现自己，而对自己的成就则要轻描淡写。如果你能做到这些，就能赢得同事更多的好感，也能成为办公室最受欢迎的人。

有这么一个故事：

为了了解疯子的生活状态，一个心理学教授到疯人院参观。一天下来，他觉得这些人疯疯癫癫，行事出人意料，可算大开眼界。

想不到准备返回时，发现自己的车胎被人下掉了。“一定是哪个疯子干的！”教授这样愤愤地想，正准备拿备胎装上，却一下傻了眼，原来，下车胎的人把螺丝也下掉了。

正当教授一筹莫展。恰好一个疯子蹦蹦跳跳地走过来，发现了困境中的教授。于是，疯子停下来问发生了什么事。教授本不想理他，但出于礼貌还是把事情原委告诉了他。

疯子听后，哈哈大笑说：“我有办法！”他从每个轮胎上拧下一个螺丝，这样就拿到三个螺丝，然后，他很快地将备胎装了上去。教授既感激又惊讶，问道：“请问你是怎么想到这个办法的？”

疯子嘻嘻哈哈地笑道：“我是疯子，可我不是呆子啊！”

是呀，正如疯子不一定是呆子一样。在你身边，不爱言语的人不一定就口才不好；不爱表现的就不一定没有业绩值得炫耀。事实上，每个人都有他的长处，都有让自己得意的地方。你身边的同事也是如此。因此，千万不要小看他们，更不要在他们面前表现你的优越。多多让他人表现他们自己的优越是做人的一大智慧。

的确，办公室里，人人都希望得到别人的认可与赞赏，都在不自觉地维护着自己的形象和尊严。如果某个人的谈话过分地显示出高人一等的优越感，那么无形之中是对其他人自尊和自信的一种挑战与轻视，排斥心理，乃至敌意也就不自觉地产生了。

显示出高人一等的优越感恰恰是不少职场人士的习惯，这也是他们难以赢得同事好感与友谊的重要原因。

几乎每个办公室都有这样的人。如果他家中有钱，一开口就是今天我做了什么，礼拜天又做了什么，逛了什么商场，买了什么、吃了什么等一大堆让他（她）得意的事情；如果他家中有权，一张口就是我爸又怎么样了，我舅又怎么样了；如果在单位深得领导赏识，就总在同事面前夸耀：某某领导对他（她）说了什么，某某领导又许诺他（她）什么。

这些人犯了一个共同的毛病：处处表现自己，处处显示自己的优越感。其实，妄自尊大，高看自己，小看别人，过分自负的人只会引起别人的反感，以致让人敬而远之，甚至厌而远之。

人性的一大弱点就是争强好胜。人们面对比自己优秀的人时，常会增加心中的挫折感，也就自然而然地产生了反感。一个人如果不善于隐藏自己的锋芒，工作上处处表现得干劲儿十足、能力超强，只能在无形中惹来嫉妒和猜忌："你行，你一人就能干好，那还要我们干什么？"

一名技术工程师被聘请到一家IT公司上班。公司除支付给他高薪外，还专门给他租了一套住房。不过，公司告诉他，因为担心其他同事为此心理不平衡，这一切要绝对保密的。

这名工程师经验丰富且有一个创新的头脑，待遇高且不说，还享有一些特权，开会时与老总平起平坐。每次开拓新项目，即使该项目不由他负责，老总也喜欢问问他的想法。

看着其他同事羡慕的眼光，工程师有很强的优越感。过了不久，由于虚荣心作怪，他把自己的特殊待遇告诉了关系最要好的同事。看着同事惊讶的表情，他感到了一种极大的满足。这种满足又促使他将这一秘密告诉了公司更多的同事。后来，他发现，同事们都逐渐疏远他。对他的工作安排，也不像以前那样积极配合了。他想，他们可能是妒忌自己吧，也就并未放在心上。但是，让他没想到的是，企业的另外两名骨干跑到领导那儿，拿他作标准，提要求。结果，弄得老总左右为难，为了不得罪公司其他人，只好解雇了这名工程师。

这样的故事在职场中每天都在上演。它时时给人警示：不要在办公室里当众炫耀自己。如果自己的专业技术很过硬，如果你是办公室的核心人物，如果老板非常赏识你，你也不要得意忘形，反而更应该小心谨慎。尤其是在交谈中，你不仅不应该表现得比你的朋友优越，你还应该制造机会，让他们表现得比你优越。

那么，如何在交谈中让同事表现得比你优越呢？

引导同事多说他们自己的成就，是让同事产生优越感的有效办法之一。

李女士在一家公司工作，很有人缘。不过，她刚到公司工作的时候，头几个月可不大受欢迎。

其实她的心地挺善良的，但同事们仍不喜欢她。因为她的自身条件比较好，出身于书香门第，毕业于名牌大学，学历高，人又好表现。与同事谈话，动不动就说我们××大学怎样，我家怎么怎么样，时间长了，大家只要听到她这样的开场白，全都扭过头去，不和她说话了。

时间长了，只有一位年纪稍长的同事还愿和她说说话。对此，她很是不解。出于好心，这位同事劝告她，在大家面前少谈论自己的出身和学历。这位同事还说，每个人都有自尊心，都有值得骄傲的地方。

她这才意识到自己的问题在哪儿。此后，她开始少谈自己，而多听同事们说话。她发现，她的同事的确也有不少值得骄傲、得意的事情。她还发现，让他们说自己得意的事情，比听自己说更能令他们兴奋。

后来，只要大家在一起闲聊，李女士就主动问自己的同事，让他们多说。对于自己的事情，李女士尽量保持沉默，只有在同事问起的时候，她才说说。即使要说，也非常注意把握分寸。

在与同事交谈时，故意显露自己笨拙的一面，也是让同事产生优越感的一个有效办法。

有的人，思维敏捷，但一说话就令人反感，因为他太狂妄，太自以为是。凡是喜欢争论，一定要胜过别人才肯罢休的人是不可能赢得别人的好感的。事实上，虽然你在口头上胜过对方，但你损害了对方的尊严，他可能从此记恨在心，说不定有一天他就会用某种方式还你以颜色。

也许，你并不善于制造让他人表现自己优越的机会。但至少，你可以在他人表现自己的优越之时，睁一只眼，闭一只眼。

“誉我则喜，毁我则怒”，本是人之常情。聪明的人知道，别人可以以毁誉加于我，我不可以毁誉加于人。

在办公室里总有一些喜欢吹牛的人，尤其是男性，在闲聊时，喜欢在同事面前炫耀自己的知识面广，自诩什么都知道，其实大家都心知肚明，他知道的不过是点儿皮毛而已。如果你不了解这些，在某位吹牛大王吹得正欢时，打破砂锅地向对方发问，让对方露了馅儿。这样，不但扫了大家的兴，也让喜欢神“侃”的同事感到难堪。估计以后同事们再闲聊的时候，都会有意无意地避开你。因此，在与同事交谈时，只有给别人面子，不求事事明白，这样同事们才会乐意接纳你。

学会看到同事的长处与成绩，制造机会让他们表现自己，对自己的成就轻描淡写。如果你能做到这些，你就能赢得更多的好感，就能成为办公室最受欢迎的人。

PART 7 第七章

为人处世需“谨言慎行”

WEI REN CHU SHI XU JIN YAN SHEN XING

谨慎慎行是强者的一种选择和境界，亦是低调者的行事风范。“谨言慎行之人，方能成功”，做大事的人最需要谨慎，一步都错不得，有时往往一步之差，全盘皆输。居高位的人要想长久保持自己的地位，必须小心谨慎地处事，才没有倾覆的危险。所以，不要以为一时的高处就是人生的终点，一时的高处并不能说明什么，成功更青睐于能在高处低头的谨言慎行之人。

第一节　未雨绸缪可避免“亡羊补牢”

挽救可以减少一定的损失，但不能弥补损失。所以，当你意识到危险时，一定要采取果断措施防患于未然。否则，待到危险降临时，即便你可以补救，也会遭受不同程度的损失。

一日，魏文王问扁鹊：“你们三兄弟中，谁的医术最高？”扁鹊答道：“在我们三人中，我大哥的医术最为高明，我二哥的医术稍微逊色，而我的医术是最差的。”文王疑惑，遂问道：“既然你大哥和二哥医术都在你之上，为什么你却是最有名的神医呢？”

扁鹊毫不迟疑，微笑作答：“这是因为我们三兄弟的治病方式不一样。我大哥能够在病人发病之前找出病因并将其彻底铲除。在这种情况下，病人不会认为自己有病，更不可能尝到生病的痛苦，于是会认为他可能只懂一些调养身体的小法子，根本不会治病，因此我大哥没有什么名气。我二哥常常在病人发病之初将其治愈，由于发病之初病人的病情较轻，于是周围的人便认为他的本领有限，只能治疗一些常见的小病。而我在给病人治病的时候，病人的病情已经严重恶化。于是，我给病人动了大手术，使他们起死回生。他们因为尝到了疾病给自己带来的巨大痛苦，而后又被我挽救，自然对我感激不尽。久而久之，我的名声也就越来越大了。”

扁鹊的分析鞭辟入理，他抓住了病人的心理。其实，预防的好处远远胜过治疗。当然，一个人在发病之初的确很难判定自己有病，但至少在感到不适的时候就应该去看病，尽早铲除病根。否则，等到病入膏肓的时候再去看病，不仅会花费了巨额的资金，而且有生命不可挽回的危险。

等到丢了一只羊后再把有缺口的羊圈补好，虽然能够保住其他的羊，但丢失的那只羊却永远也不可能再找回来。与其如此，不如多费点儿心思去看看羊圈，一旦发现有缺口就立即把它补好。这样一来，自然可以保全所有的羊。与其亡羊补牢，不如防患未然。然而，有些人并不愿意这样做。

一天，一个人家里来了位朋友。为了能够陪好朋友，他请了一位能喝酒的邻居来作陪。用餐时，朋友对他说：“我刚才在外边的时候，发现你家的烟囱是直立的，而烟囱的旁边放置了一堆木柴。为了避免发生火灾，我建议你要么将木柴移走，要么将烟囱改砌成弯的。”此人听了朋友的话后，并没有将此放在心上。

后来，此人所在的村子附近刮起了大风，带有火花的浓烟在大风的吹动下急蹿至木柴上，一场大火便熊熊燃起，他们家的厨房也被烧着了。最后，在众多邻居的帮助下，大火终于被扑灭了。

为了表示对邻居们的感激和致谢，他杀鸡宰羊招待邻居。这时候，那位曾经陪他朋友吃饭的邻居开口说话了：“其实，最该感谢的人应该是你的那位朋友而不是我们。如果那天你听了他的话，将烟囱改曲或将木柴移走，就不会发生今天的火灾，你也不用在今天摆酒席来招待我们。如果你仍不听从那位朋友的建议，火灾仍然有再次发生的可能。”

听了这位邻居的一番话后，主人顿时醒悟了过来。如果此人能够听从朋友的建议，早早动手把木柴移走，就不会损失木柴，也不会发生火灾，更不会欠下邻居们的人情。

其实，生活中不乏与此人相似的人。之所以如此，是因为防患于未然并不容易做到。通常情况下，人们容易牢牢记住曾经发生在自己身上，对自己比较重要的事情。而当同样一件事情发生在他人身上时，人们即使听到或看到也难以留下很深程度的影响，包括吃亏在内。正是因为这个原因，吃过亏的人往往比没吃过亏的人更有防范意识。

因此，要想成就一番事业，防患未然的措施就必不可少。虽然做这件事有点儿困难，但如果能做到这点，就能杜绝一切有可能造成不良后果的事情发生。

第二节　“防微杜渐”可预防“积重难返”

《呻吟语》中说：“天下之势，积渐成之也。无忽一毫，舆羽折轴者，积也。无忽寒露，寻至坚冰者，渐也。自古天下国家身之败亡，不出‘积渐’二字。积之微，渐之始，可为寒心哉！”

意思是说，天下大势的形成，根源都在于积累和渐进。一根羽毛虽然轻飘，但随着数量积累，放在车上同样可以把车轴压断；一滴寒露虽然柔弱，但随着天气的渐变，同样会成为坚硬的冰粒。自古至今，无论是国家的败亡还是个人的衰退，都逃不出“积渐”二字。大恶由小恶积累而来，小恶是大恶的开端，忽视小恶的做法很可能最终会残酷地毁掉一个国家或一个人。这里强调的是小恶的延续性和危害性，正所谓“积重难返”。

《呻吟语》中又说：“天下之势，顿可为也，渐不可为也。顿之来也骤，骤多无根;渐之来也深，深则难撼。顿著力在终，渐著力在始。”

因此，为了避免积重难返的后果出现，你就要学会防微杜渐，杜绝恶的出现和渐变。清代御史孙嘉淦曾在给乾隆皇帝的一份奏疏中详细介绍了恶习的产生、形成和危害。

在清代众多的谏臣中，乾隆朝的御史孙嘉淦以直言敢谏闻名于后世。雍正即位后为避免大权旁落，不惜大肆迫害屠杀诸兄弟。惧于雍正的威猛，大多数大臣在朝堂上闭口不言，以防祸从口出。在这种形势下，孙嘉淦忤逆上意，劝谏雍正帝“亲骨肉”，得到了雍正的赏识。凭着敢于冒死直谏的智慧和勇气，孙嘉淦的名气越来越响。到了乾隆朝时，他已名震朝野。

在孙嘉淦看来，乾隆帝和康熙、雍正帝并不一样，因为康熙、雍正两位皇帝在掌权路上经历了艰巨的努力，遇到了很多政治险阻，深知为君不易的道理，而乾隆帝自幼生于深宫、长于深宫，生活舒适安逸，再加上在太平盛世即位，一旦听多了奉承之语就极易滋长骄傲情绪，以致因行为错误导致大清帝国的前途受到影响。于是，孙嘉淦决定及时劝谏，以防乾隆帝心中骄傲情绪的滋生。1736年，孙嘉淦上了一道奏疏，名为《三习一弊疏》。在这份奏疏中，孙嘉淦说：

“今夫治乱之循环，如阴阳之运行。坤阴极盛而阳生，乾阳极盛而阴始。事当极盛之际，必有阴伏之机。其机藏于至微，人不能觉。而及其既著，遂积重而不可返。此其间有三习焉，不可不慎戒也。主德清则臣心服而颂，仁政多则民身受而感。出一言而盈廷称圣，发一令而四海讴歌。在臣民原非献谀，然而人君之耳，则熟于此矣。耳与誉化，匪誉则逆，故始而匡拂者拒，继而木讷者厌，久而颂扬之不工者亦绌矣。是谓耳习于所闻，则鼓谀而恶直。上愈智则下愈愚，上愈能则下愈畏。趋跄谄胁，顾盼而皆然。免冠叩首，应声而即是。在臣工以为尽礼，然而人君之目，则熟于此矣。目与媚化，匪媚则触。故始而倨野者斥，继而严惮者疏，久而便辟之不巧者亦忤矣。是谓目习于所见，则喜柔而恶刚。敬求天下之士，见之多而以为无奇也，则高己而卑人。慎办天下之务，阅之久而以为无难也，则雄才而易事。质之人而不闻其所短，返之己而不见其所过。于是乎意之所欲，信以为不逾，令之所发，概期于必行矣。是谓心习于所是，则喜从而恶违。三习既成，乃生一弊。何谓一弊？喜小人而厌君子是也。”

这段话的大意是：国家太平和混乱之间的循环，如同阴阳的运行规律。乾为阳，坤为阴。阳在坤阴极盛的时候开始产生，阴在乾阳极盛的时候逐渐出现。同理，国势极盛的时候，必定有邪恶的念头在国君心中滋生。这种邪恶的念头潜伏得非常微妙，以致难以令人察觉。等到它逐渐显露的时候，国君只能因这种念头的根深蒂固面临积重难返、悔之晚矣的局面。为此，国君必须要戒除三种习气的养成。

1.耳习于所闻，则鼓谀而恶直

国君道德高尚，臣僚会因佩服而出言颂扬;国君多施仁政，百姓因得到实惠而感激不已。随着国家的日趋鼎盛，臣僚和百姓对国君的评价也会越来越高。即使国君有一个小小的对治国安邦有利的举动，满朝文武和四海百姓也会对此大加称赞和讴歌。尽管臣民不是有意奉承和迎合，但国君会渐渐习以为常。殊不知，国君听惯了赞扬之声后，一旦听到不赞扬的话就会感到不习惯，于是开始排斥直言劝谏的人，接着会讨厌不会称赞的人，进而会疏远虽会称赞但称赞得不恰当的人。

2.目习于所见，则喜柔而恶刚

国君愈是聪明，臣子愈是表现得愚蠢，国君愈是能干，臣子愈是感到畏惧。于是，臣子不再提出异议，处处称赞国君，把精力用在免冠叩首的礼仪上。渐渐地，国君同样会对此习以为常。国君看惯了献媚的行为后，一旦看到不献媚的行为就会心怀不满，于是开始排斥行为傲慢的人，接着排斥在自己面前毫不畏惧的人，进而会疏远献媚不到位的人。

3.心习于所是，则喜从而恶违

国君以尊敬的态度求得天下贤才后，会因见到的贤才太多而不以为奇，从而抬高自己、轻视贤才；国君以慎重的态度处理天下事务，时间长了就会认为天下没有困难的事情，从而看重自己的雄才大略，看轻事情的难度。在和他人交谈时，不愿意听到自己的短处；在自我反省时，发现不了自己的过失。于是，国君会变得刚愎自用，过分相信自己的能力，并要求臣子严格按照自己的命令行事。

养成了这三种习惯后，弊端就会出现：国君会因为亲近小人、远离君子而导致国家的衰败。

孙嘉淦的分析严密紧凑，环环相扣，充分说明了积重难返的危害性和防微杜渐的必要性。生活中，我们应该引以为鉴，千万不要忽视小恶，不要为大恶提供滋生、发展甚至膨胀的环境。

董仲舒说："积善在身，犹长日加益，而人不知也；积恶在身，犹火之销膏，而人不见也。"积善而不知尚好，若积恶而不见则有大麻烦。我们一定要擦亮眼睛，见恶而止步。

第三节　居安思危可化危为安

凡成大事者，都有居安思危的心态。正因为如此，他们常常在危难还未靠近他们的时候就开始着手准备，从而既有效化解可以避免的危难，又可以在不可化解的危难来临时从容镇定地应对。

唐代魏征说：“自古失国之主，皆为居安忘危，处安治忘乱所以不能长久。”如果我们能够居安思危，必定将会看到另一番景象。

宋太祖建立宋朝后，先是笼络了后周重臣，接着又平定了各地叛乱，但他还是不安心。他曾亲自参加过拥立后周太祖郭威的行动，深知兵权对于皇帝宝座的重要性。现在，他结盟的义社十兄弟以及其他曾同他一起冲锋陷阵的兄弟们，威望并不比他低且又拥有重兵，这使他感到了潜在的威胁。他想收缴兵权，又有些不忍心，毕竟这些人曾与他同甘共苦过，为他赴汤蹈火过。宋太祖举棋不定，去找赵普商量。赵普说：“他们本人是不会背叛您的。在我看来，他们都不具备您这样统御天下的才能。但万一他们手下的人想要拥立他们，也就由不得他们本人了。”赵普的一番话，终使他痛下了决心。

建隆二年（公元961年）七月，宋太祖召来石守信、王审琦等高级将领，设便宴招待他们。酒过三巡，太祖以亲切而忧虑的语气说：“没有你们的拥戴，我不能有今天。你们的功德，我是永远不会忘记的。但是，做皇帝也太难了，真不如做节度使快乐，我整夜都睡不安稳啊。”

石守信等忙问：“有什么难事，让您睡不安稳呢？”

宋太祖说：“这还不明白，皇帝的位子谁不想坐？”

宋太祖话音刚落，石守信等惊慌不已，赶紧跪下说：“陛下怎么说这样的话呢？现在天命已定，我们哪个还敢有半点儿异心呢？”

宋太祖说：“那也未必。即使你们无异心，你们手下的人难道也没有吗？一旦他们贪图富贵，将黄袍披在你们身上，你们不想当皇帝怕也不行了。”

石守信等人一听此话，吓得不知所措，赶紧叩头，请宋太祖给他们指出一条路来。

宋太祖长叹一声说道：“人生如白驹过隙，转眼即逝。那些追求大富大贵的人，不过是想多积些金钱，除了供自己吃喝玩乐外，也想使子孙们过上好日子。我想你们也不会不这样想吧？既然这样，你们何不放弃兵权，回去当个地方官，买些好田地，给子孙们创立个永远的基业，快快活活地过完一辈子呢？这样，我们君臣之间上下相安，两无猜忌，不是更好吗？”

石守信等听后无言以对，只得叩头谢恩。第二天，石守信等功臣将领纷纷称病请罢兵权。宋太祖非常高兴，对他们安抚一番后，当即宣布免去石守信、高怀德、张令铎、罗彦环等人的禁军职务，让他们到外地担任有名无实的节度使。这就是历史上被传为趣谈的“杯酒释兵权”。

为了进一步“安抚”被释去兵权的石守信等人，宋太祖还表示要和他们结为亲戚。不久，他把他的妹妹嫁给了高怀德，女儿延庆公主、昭庆公主则分别下嫁给石守信之子和王审琦之子。赵匡胤的这些措施不仅使石守信等人获得了心理平衡，而且也避免了“鸟尽弓藏，兔死狗烹”等历史悲剧的重演。

宋太祖居安思危，用“杯酒释兵权”的策略稳定了自己的统治地位。

两座山之间有一条小溪，每座山上各住着一位修道高僧。一次，他们同时来到小溪边打水，并由此相识。此后，他们约定好下山打水的时间，以便能够常常见面。数年过去了，他们成为了好朋友。不过，随着时光的流逝，他们也日渐衰老。

一天，左边山上的高僧依然像往常一样下山打水。但奇怪的是，这位高僧这天并没有见到右边山上的高僧。等了一会儿后，他挑着水上山去了。然而，第二天、第三天直到一个月，他再也没有见到右边山上的高僧。

左边山上的这位高僧以为右边山上的这位高僧生病了，便决定前去拜访他。爬上山顶后，他竟然发现自己的这位朋友正在山顶的一块平地上修炼。于是他走上前去问道：“你是不是有一个月没有下山打水了？”

“是呀，很久没见到你了。”

他惊讶地问道：“既然你没有下山打水，精神为何还是如往常般抖擞？你是如何做到的？”朋友只是微微一笑，示意要带他去一个地方。

在朋友的引导下，他来到了后院，并在那里发现了一口井。朋友解释道：“不用我多说，想必你已经知道其中的原因了。我知道自己要渐渐老去，总有一天会挑不动水的。于是在空闲时间，我便忙着挖井。还好，经过这数年的努力，我终于达成了自己的心愿。”

冯梦龙说：“常将有日思无日，莫待无时思有时。”这个挖井高僧同样有居安思危的心态，并通过数年的准备解决了老年挑不动水的问题。

宋太祖和挖井高僧的智慧值得借鉴，因为生活中我们也需要如此。比如，每个人都会面临退休和衰老的问题，如果在精力充沛的时候不注意积累财富，那么无疑会在年迈无力时还得为仍在继续的生命苦苦奔波。

因此，在处事的过程中，要想做到化危为安，不仅要有居安思危的心态，还要注意培养居安思危的能力。

第四节　身在高位更要谨慎小心

天下事没有永远安稳、恒常不变的，万物都有盛衰，因此，高山之旁必有深渊，爬得高必定摔得重。但是，世间人往往不明此理，忘形于荣华富贵之中，以为天下才智莫过于己。殊不知一跤摔下便是深谷，我们如何能永远处在巅峰呢?

有些人做了一点成绩就洋洋得意，自以为高不可攀了，这样的人即使在高处，也注定会栽跟头的。身为高处时，更需要适时地低头。其实，适时地低头不是一种消极的、不情愿的低头，而是主动地、有意识地消除隐患。

清朝名臣曾国藩不愧是一代理学大师，深得古代圣贤之精髓。在个人修养方面，虽然他位高权重，格外受到皇帝器重，但是他一贯保持朴素节俭、诚恳勤奋、谨慎小心的为人处世风格，行事低调，讲究慎独和慎行，坚定地向自己的目标挺进。在迂腐破败的时代里，他高举儒家理学的旗帜，用自己的行动实现了他为官清廉、为民做主的社会抱负和理想。

曾国藩出生于清代末年，他的为官生涯是从翰林院供职时开始的。而在此时，曾国藩“慎”的思想就开始表现出来了。道光十八年，曾国藩会试取中第三甲第四十二名举进士。后来参加朝考，列一等第三名，被授职检讨，留在翰林院供职。清代的翰林官，不定时地举行“大考”，以为升迁降黜的依据。曾国藩在翰林七年，谨慎对待“大考”，用功不懈，因此历次考试的成绩都很好，而不像有的官员终日淫浸在声色之中，只知贿赂行事。因此曾国藩屡蒙超擢，从七品的翰林院检讨升到二品的内阁学士。这一慎也就为他换来了以后担当大任的官阶与资格。

自曾国藩以丁忧在籍的侍郎身份在湖南开始办团练到咸丰八年，曾国藩已由文人而当领兵之大任，成为兼辖四省的领军大帅兼两江总督。在这期间，其父病故，曾公立即报请丁忧，并且不待奏请，拜疏即行回家守制终丧，而不肯再回江西去做督师。咸丰帝几降谕旨才迫使曾国藩出任浙江军务。曾国藩一再推脱，是他戒慎戒惧之心所起的作用，他对这样的高官显宦并无羡慕之心。曾国藩在削平太平天国之乱、湘军军威达于极盛之时，毅然以“湘军作战年久，暮气已深”为理由，奏请将湘军裁遣归里，以此表示他无意挟持军权以自重的态度。

在处世方面，曾国藩同样谨慎小心，不轻易露出锋芒。曾国藩一向注意自己的言行。他认为“锋芒则露杀气，圆通则显和气”。只有学会保全自己，才能趁对手疏忽之时，转守为攻，敲定胜局。他常用“厚藏匿锐，身体则如鼎之镇”这句话作为座右铭来教育家人及僚属。他在奏请裁撤湘军的同时还奏请其弟曾国荃因病开缺，回籍调养。这是因为此时曾国荃攻陷天京，一时成为众矢之的，清廷也怕他尾大不掉。曾国藩见此就奏上此折以保全其弟。这是聪明的一招，也是他处世慎思慎虑的表现。

曾国藩亦善于避开是非圈，时值满族贵族官员官文任湖广总督，而官文与湘军有矛盾，这与清廷满族权贵对汉人的不放心有关。曾国荃被任命为湖北巡抚，官文则用计把他调离武昌，保奏其为一个无权的“帮办军务”，这令曾国荃大为恼火，就写折参劾官文。曾国藩闻此事后，惊骇不已，认为此事必招致很多的麻烦，于是拟密折保官文，请清廷不要深究官文之罪。曾公此举挽回了满贵对湘淮的猜疑，避免进入是非圈。

越是权重位高的人，做事就越应当尽心尽力、谨慎小心，这样才不会有亏职守。不论对自己，还是对家人、僚属，曾国藩始终提倡不露锋芒，慎重对待权势问题。因为在曾国藩看来，只有在这方面谨慎又小心，才能处理好各种社会关系而不至于自己卷入不必要的是非圈，导致身败名裂。

谨慎小心是强者的一种选择和境界，亦是低调者的行事风范。低调是一种儒雅的气质，是一种成就大事的方式。正因为如此，古往今来，事业上成功的人为人处世都很“低调”。

“谨慎之人，方能成大功”，做大事的人最需要谨慎，一步都错不得，有时往往一步之差，全盘皆输。居高位的人要想长久保持自己的地位，必须小心谨慎地处事，才没有倾覆的危险。

所以，不要以为一时的高处就是人生的终点，一时的高处并不能说明什么，成功更青睐能在高处低头的谨慎之人。

第五节　由着性子行事只会增加灾难

几乎所有的人都有自己的独特个性。有的性格对自己成就一定的事业很有帮助，而有的性格却会使人失败。如果你的个性让很多人对你敬而远之，那么你的个性是失败的。个性的成功在于能吸引人，而不是能排斥人。一个人如果由着自己的性子做事，那么他不仅得不到他人的认可，他的人生也会灾难不断。

《教父》是1969年美国出版的长篇小说，是美国出版史上的头号畅销书。在20世纪70年代初它被拍成电影三部曲，发行世界各国，受到普遍欢迎。在《教父》里，杉尼是唐·科利奥尼的大儿子，生性率直，脾气暴躁，身体健壮，依仗浑身的力气，舞刀使枪，不把任何人放在眼里。杉尼家族的对头，纽约另一大黑社会势力欲除掉杉尼。他们买通了杉尼的妹夫卡洛，让他故意拼命殴打杉尼的妹妹康妮，杉尼脾气暴躁，不爱用脑，他一接到康妮哭哭啼啼的电话，便立马火冒三丈，决定为康妮做主，报复卡洛。其时正是夜深时分，杉尼操上手枪，也没带保镖，开着车便直奔康妮住处。

路过一个交费站时，杉尼减速，在站口让人查验交费卡。验完，那人将卡还给杉尼，转身便向交费岗里走去，一晃儿消失了。杉尼一下子感到不对，欲开车调头，可是晚了，这时预先埋伏在岗亭里的枪手一齐开火，把杉尼打成了马蜂窝。

杉尼落得如此下场，就是因为他总是由着自己的性子行事。杉尼因自己火暴的脾气，动辄与人厮杀拼打，甚至连警察他也不怕，这使他积怨甚多，成为他人眼中的刀刺。杉尼被自己的情绪控制着，出气心切，把其他的一切都忘了，以致掉入了别人所设的陷阱。他单枪匹马，恃勇妄为，显然，这只是去送死。

脾气暴躁的人，最易中圈套。在《三国演义》中，关云长大意失荆州，兵败身死，刘备、张飞便怒不可遏，举大兵向东吴问罪。谁料想，未曾出师，张飞因为造白战袍之事，重责部属，范疆、张达两人由惧生恨，割了张飞的脑袋。刘备更是“悲”从心头起，怒向胆边生，不顾诸葛亮等人的苦苦劝阻，亲自统率大军征讨东吴，为两个义弟报仇。但由于报仇心切，筹划不当，最终被东吴大将陆逊烧了个大败西归。刘备悲愤愧悔，病卧床榻，最终落个白帝托孤，身死灯灭。

脾气暴躁，并非杉尼和刘备如此。在现实生活中也有很多人是这种急性子，遇事不能冷静，摆脱不了情绪的控制，常常随着性子一起，什么稀里糊涂的事情都做得出来。这样，最终吃亏的只能是我们自己。

不仅是脾气暴躁容易吃亏，其实，一个人的个性太强也会给自己带来麻烦。人的个性，不仅反映了一个人的认知，更是一个人行为模式的体现。个性是一个人的标志，是行动的依据和生存的活力来源。

悲剧本身就是个性创造的基础，由于个性的特点而影响到做事情的方式方法，以致造成最终的后果，这是必然的。很多人之所以是失败的牺牲品，就是因为个性的弱点太多、太大造成的。人性的弱点本来就很多，如果不加以改变和约束势必造成事业的失败。那些成功者除了具备一定的知识条件外，更多的是因为他们具备了个性的优势，改变了人性的弱点，才营造出成功的希望！想成就自己的事业，改变个性的弱点十分重要，只有这样才能避免个性失败的惨剧继续发生！

个性是人际交往的枢纽。用个性说话，用个性办事，因个性受用，因个性失败，这是一个人一生的轨迹，外人无力更改，只有我们约束自己，不让自己由着性子行事，才能避免失败。

一个人说话行事时，倘若只是随着自己的性子，毫不顾忌地对待他人，就无法与他人建立良好的关系，这一点会直接导致我们事业的失败。所以，无论是谁都应当谨慎行事，不能由着自己的性子行事。

第六节　深谋远虑才能防患于未然

在人的一生中，有因为言语而招来灾害的，也有因为行动而招来羞辱的。所以，要想成就一番事业，就必须运筹帷幄，决胜千里。毕竟，一次深思熟虑，胜过百次轻率行为。

目光短浅的人，大祸临头还不自知。智者总是会深谋远虑，居安思危，在忧患未来之时他们已看到预兆，并且及时采取行动，做到防患于未然。

春秋末年，范蠡为越国大夫，辅佐越王勾践，忠心效命，为越王谋划20年，帮助勾践发愤图强，经过10年生聚，10年教训，越国国势日盛。公元前482年，乘吴王夫差在黄池大会诸侯之机，他建议勾践发兵攻吴，获大胜，俘吴太子友。数年之后灭吴，迫使夫差自杀，雪洗越国当年被吴灭亡的耻辱。继而又助勾践北征，直逼齐鲁，称霸中原。

此时范蠡觉得危险就在眼前，功高震主，君主只能共患难，不能同富贵。于是他收拾细软，带上家属悄悄远去，改名陶朱公，归隐经商。与其同时辅佐越王的文种，留恋富贵，不听劝告，结果被勾践所杀。

范蠡实在是绝顶聪明，料事如神，相比贪恋权位以致丢掉性命的文种，范蠡的功成身退实在是明智之举。正所谓“动必三省，言必再思”，一个人所言所行应权衡利弊，要经过周密计划，切不可轻率盲动，草率行事，否则等待他的将是失败的命运。

历史上，成大事者，不管是帝王还是英雄，深谋远虑者多矣。与范蠡一样深谋远虑、防患未然的还有长孙皇后。

长孙皇后与其兄长孙无忌，帮助唐太宗李世民完成大业，建立大功。太宗欲封长孙无忌为宰相，长孙皇后闻讯后，出面力阻。她对唐太宗说：“臣妾感谢圣恩，臣妾已位尊至皇后，长孙家不能再封赏了。汉朝的教训太深了，当年吕后受皇上宠幸，满朝都是吕家的人，结果吕氏图谋造反，遭灭门之灾，祸国殃民。长孙无忌不能为相，请求皇上另找人选。”李世民拒不采纳皇后的请求，仍封长孙无忌为相。

长孙皇后向皇上请求遭拒绝后，于是就将其兄长孙无忌找去，向他讲清利害，要他远避裙带，切不可贪图眼前荣华富贵而酿成大祸。长孙无忌最后被皇后说服，向皇上力辞宰相之职。

对于许多聪明人来说，人生的最大害处不在外部，而在自己。一旦做出一番事业，就难免居功自傲，而这样做的下场往往比无所作为的人更惨。长孙皇后深知：“功成身退，天之道也。”居安思危，思则有备，有备无患。可以说，贞观之治盛极一时，除了有赖于唐太宗手下的一大批谋臣武将外，也与唐太宗深谋远虑的妻子长孙皇后的辅佐是分不开的。

有智慧的人大多知道居功之害。因此古人很注意这个，不论任何好事，都要守住自己的本分，绝对不可以功高盖主，否则轻的招致他人怨恨，重的甚至惹来杀身之祸。事实证明，只有善于明哲保身的人才能防患于未然。总之，人们在办理事情时，用最大的努力去争取好的结果，同时做好失败的心理准备和物质准备，以及应变措施。这样就能以不变应万变，永远立于不败之地。

成功人士必须坚持的原则之一，就是对意外要有充分的准备，成功的策略必须对可能出现的问题有所防备，做到有备无患。对一个成功的企业领导者来说，他不会让外界的不利环境来决定企业的命运，而是会未雨绸缪，进行危机管理。即使遭遇了危机，也会从危机中寻找机会，使自己的企业始终昂首向前。中外无数名企在自己的成长过程里，无不经历过大风大浪的冲击，它们之所以能存活下来，都是得益于自己强大的预防和应付危机的能力。

2003年4月下旬，一位从外地出差回京的摩托罗拉员工出现SARS感染症状，摩托罗拉公司随后采取了一系列措施。

公司出现SARS感染者之后，摩托罗拉迅速按照危机管理系统制订出业务持续发展计划。首先对办公设施进行了彻底的清洁与消毒，暂时停止使用北亚中心楼内的中央空调系统，并建议多数员工5月6日至11日在家办公或使用备用的办公设施，少数员工在楼内办公。

摩托罗拉公司的危机管理系统及业务持续发展计划，在关键时刻保证了公司各项业务有序进行。公司实行了“轮班制”，安排员工轮流上班，这样既降低办公室的人员密度又保证工作持续进行。公司上下充分利用便携式电脑、高速拨号连接、电视、电话会议及其他办公设施，确保了业务的正常进行，成功地克服了SARS所带来的困难。

另一方面，摩托罗拉公关部一点儿也没有闲着，不停对外界通报公司的状况，与员工、客户和社会公众保持坦诚的交流，及时向媒体及客户通报业务的发展情况及公司所采取的相应措施。

成功的公司不会让外界的影响来决定自己的命运，而是始终向前看。只有居安思危，你才能成为自己命运的主宰。面对“危机”时，摩托罗拉不但能够化解其中的“危险”，还能把握住其中的“机会”，这就是它的高明之处。在公司发现SARS感染者不久之后，摩托罗拉公司总裁兼首席运营官麦克·扎菲罗夫斯基马上访问了中国，拜见了政府领导人，向中国政府捐赠了大量的抗非典设备、现金和物资，与北京市政府签署了合作备忘录，慰问了在中国公司的员工，与客户见面，同媒体沟通。麦克·扎菲罗夫斯基几乎做了一个处于危机中的公司领导人所能做的全部工作。摩托罗拉公司的这一系列举措不仅使自己免遭了SARS危机的影响，而且通过与政府合作，为公司树立了良好的社会公益形象，这对一个企业来说，是一笔巨大的财富。

“患生于所忽，祸起于细微。”在日常工作和事业经营管理中，怠惰松懈、马虎随意，或焦躁厌烦、急功近利等，都可能导致对细微问题的忽视，或是不能觉察，或是有所觉察而认为无所谓，最终因一念之疏忽造成了事情的恶化，而后果严重时又惊惶失措，以至于发展到不可收拾的地步。这种教训在日常生活中可说是屡见不鲜的。

无论做人做事，要有深谋远虑，才能防患未然，我们必须从细微处着眼，一旦发现有不利因素的苗头，就应立即采取措施，断然扼制。

人生就好比一盘棋局，稍有不慎就会满盘皆输。在处理事情时，只有通过深谋远虑的谋划，才有可能将棘手的事处理得圆满。

PART 8 第八章

低头中的人情学

DI TOU ZHONG DE REN QING XUE

交际学家甘顿教人“善意地向人求取一些小惠”，认为这是讨人好感的最高方法。其实，任何一个成功者的身边都有一个和谐的朋友圈，正因为这个团体的存在，才有了他们的成功。所以，千万不要碍于面子而不肯开口求助，那并不是聪明之举。如果你想成功，不妨适时低下头，吸收多方面的人脉。如此，你便能在激烈的竞争中脱颖而出。这也有助于你向成功靠近。

第一节 人情关系决定事情成败

在商战中，也许你很有能力，并且具有扎实的专业知识。同时，还有雄辩的口才，即便这样，也不一定能赢得成功。相反，倘若你有很好的人情关系，在关键时刻，有关键的人物肯帮你出面，相信你的事业之旅会很成功。

作为一种看不见的资源，人情和关系是一种潜在的无形资产。表面上看来，它不是直接的财富，可如果没有它，就很难聚敛财富。

也许你会发现这么一种现象：待人接物得当、与周边邻舍、亲戚朋友关系好的人往往能左右逢源，办起事来得心应手。在这里起作用的就是个人的人际关系，以某个人为核心，人与人之间的关系互相交织在一起形成的网络便构成人际关系网，人际关系网的大小与其办事能力成正比。在复杂的社会里，每个人以及每件事都于明里或暗里交织在错综复杂的关系网中，不善于利用关系的人是不可能顺顺当当把事情办好的。而人际关系的一切功夫，都体现在交往的细节中。

那些众人眼中的聪明人，他们往往善于为自己营造一个良好的关系网，并且善于利用这些关系，为他们的成功铺平道路。他们借力、借势，在工作和生活中办起事来事半功倍，使他们更有信心去攻克一件件难事。

卢明在做人力资源主管的时候遇到了一件棘手事。公司里的一位员工在出差的时候摔折了胳膊，这样的事情以前从未发生过，公司怎么处理这件事，是否该赔付，赔付多少合适，没有先例。只因这件事涉及员工的利益，老板要求卢明尽快地处理，因为拖沓足以说明公司对这件事不重视。要想妥善处理这件事，必须兼顾到公司和员工的利益，对内对外都不能留下任何隐患。卢明一时无从下手。最后，他想到了外援。他给做人力资源的朋友们打电话。这些朋友给他提供了至少几条有用的信息。根据这些信息，他马上拿出了这个事件的处理方案，还写了部门处理类似事情的流程上报。老板对此给予了极高的评价。

成功地处理这件事，在大型跨国公司任职的同行朋友给了他莫大的帮助。“那时我也常常参加人力资源各方面的活动，也认识了许多的同行。虽然大家没有固定在哪个时间见面，但却经常通过电话或者网络沟通有些联系，一个无形的关系网就这样形成了。如果说谁有什么不懂的地方，只要打一个电话，大家都会积极并热心地给予帮助。”

得到老板的赏识，避免工作中的错误，这就是人力资源关系网带给卢明的好处。只要善于利用，一个人的人脉网络就能够为他提供足够的资源和力量。你所交往的人们，包括你的亲人和朋友，以及你认识甚至不认识的人，都是你潜在的资源和能量，都会成为借力给你的贵人。因此，做人做事的有心人大都精通借助关系的力量和智慧之道，发挥别人的优势，成就自己的事业。古往今来，那些雄才大略，多有心机的人，无一不是将借人智慧和力量之道发挥得淋漓尽致。

成功者是如何借力的呢？首先，他们明白各种关系的良好互动。比方说，人们都说创业难。难道创业真的那么难吗？以往人们强调自主创业，但现在很多人的观念开始改变，因为关系在创业中的作用逐渐加大，并日益成为创业信息、资金、经验的“蓄水池”，有时甚至在商业活动中起到了四两拨千斤的神奇功效。

在这个竞争激烈的时代，孤独奋斗只会被淘汰。扩大社交圈，通过朋友掌握更多信息、寻求更大发展……这些都日益成为成功的捷径。在奋斗过程中会遇到各种困难，而这时大家的帮助是寻求发展的最好出路，所以，建立良好的关系网是你人生的最大资本。当你积累了一定的人脉资源之后，你会发现，办起事来，其实也可以这么简单。

然而，一个人的人情关系并不是一蹴而就的，这需要平常的积累。只要功夫用得深，那么在重要的时刻，这样的关系就能给你带来莫大的帮助。

第二节　必要时放下面子并向他人求助

人各有短长，你解决不了的问题，对你的朋友、亲人或者同事而言或许就是轻而易举的。想要取得成功，自己的努力固然重要，但也离不开别人的帮助。

一个小男孩在他的玩具沙箱里玩耍，里面有一块巨大的岩石。小家伙开始挖掘岩石周围的沙子，企图把它从泥沙中弄出去。他是个很小的小男孩，而岩石却相当大。他手推、肩挤、左摇右晃，一次又一次地向岩石发起冲击，可是他得到的唯一回报便是岩石滚落回来，砸伤了他的手指。最后，他伤心地哭了起来。这整个过程，男孩的父亲从起居室的窗户里看得一清二楚。当泪珠滚过孩子的脸庞时，父亲来到了跟前，他的话温和而坚定："儿子，你为什么不用上所有的力量呢？"

垂头丧气的小男孩抽泣道："我已经用尽全力了。爸爸，我已经尽力了，我用尽了我所有的力量。"

"不对，儿子。"父亲亲切地纠正道，"你并没有用尽你所有的力量。你没有请求我的帮助。"父亲弯下腰，抱起岩石，将岩石搬出了沙箱。

当然，也有人喜欢自豪地对别人说："我平素不喜欢求人。"这句话似乎带有一些"让人知道他是个 坚强的人"的意思。但这句话挂在嘴边，是毫无意义的。一个人在立身处世时，自力更生固然重要，但该寻求别人帮助时，也要去求助别人。毕竟，这个社会是集体的，有许多事情是独立难成的，毕竟一个人的能力是很有限的。当你处于顺境的时候，你自然不会想到陷于困苦中的滋味，便轻易妄言自己不求人。殊不知，人生变幻莫测，又怎知前路没有重重阻碍呢？

凡是自称为不愿求人的人，往往是交际场上的失败者。从心理方面分析，人的性格虽然不同，有宽容的，有吝啬的，有豪爽的，有狭隘的……但无论性格怎样，对给予别人一种小惠却是人人都乐意的。

当你对一个人说“我不喜欢求人”时，即使你的话不是向他而发，但听的人却认定你的话是针对着他的。他会感觉你将他拒于千里之外，从而产生疏远感，甚至还会产生你是鄙视他的能力的感觉。

敏感的人会从“我不喜欢求人”这句话中读出它的言外之意：“我也不喜欢别人求我”。因为一个以不求人为荣的人是看不起向别人求取恩惠的人的。

交际学家甘顿教人“善意地向人求取一些小惠”，他认为这是讨人好感的最高方法。每个人都渴望得到别人的尊敬与重视，如果尽自己所能给予别人一点儿恩惠，那么对方在心底会生出一种想法：我对别人有用，我可以造福于别人。这种想法会给一个人带来愉悦和幸福感。同时，得到恩惠的一方也会因为感激而记着这个施惠者，并给予他尊重。这就是为什么要善意地向人求取一些小惠的原因，它也是交际一法。

人生一世，谁敢担保永世不求人？现实生活有太多无奈，使你不得不去寻求他人的支援。假如你是一位待业青年，希望能找到一份如意的工作；假如你是一个职员，希望能平步青云；假如你是采访记者，希望能紧握伟人的手；假如你有急用，希望能筹借到一笔款子……这许许多多，大大小小的希望便构成了生活。生活则迫使你不得不去求助于别人，而是否能得到别人的“搀扶”，在很大程度上又取决于你有没有求人的技巧和策略。

有些人一提到求人就皱眉头，甚至羞于告人，他们对求人怀有一定的偏见，认为那一定是卑躬屈膝，低三下四的。其实不然，你一定要明白，主动寻求别人的支援不是丢脸的事情。因为向别人求取可以是以自尊、自重、自爱为前提的，可以是一个让对方也能获利的双赢结局。那些担心求人会让自己没面子的人并不清楚，事实上，他或许正处于别人的帮助之下。

在一片路旁的小树林里，年轻的树苗正在茁壮成长。一天，一个砍柴人从这里走过。忽然，一棵小树苗用树枝抓住了砍柴人的衣服叫住他说：“好心人，你把我周围的这些树都砍掉吧！那些大树枝叶繁茂，严严实实地照在我的头上，让我连一点儿新鲜的阳光都吸收不到；那些讨厌的小树苗也挤在周围，密密麻麻的，连清爽的风都吹不进来，我快要闷死了。要是你能把它们都砍光，我就可以呼吸新鲜的空气，晒到温暖的阳光，喝到清凉的雨水，过不了多久，我就可以长成参天大树啦！”砍柴人听信了小树的话，于是一丝不苟地把它周围的树木清理了个干净。

过了两个月，砍柴人又从那里路过，想去看看那年轻的小树苗长得有多么高大挺拔。可是，他看到的只是一棵被太阳烤干了的树干，耷拉着头，被风吹得东倒西歪。这时，旁边的一个矮树墩叹了口气，说：“这个傻瓜，它以为凭借自己的力量就可以成长为像父辈那样的参天大树，却不知道，没有大树的荫庇和保护，它根本无法抵挡骄阳的炙烤，也无法应对狂风暴雨的袭击。一个年轻自负的家伙就是如此葬送了整个家族，也葬送了它自己。”

如果你想让自己做一个成功者，那么就想办法多从你的同事、上司、朋友或者任何对你的事业有帮助的人那里获得帮助。要知道，当你拒绝这些人的帮助时，就是拒绝了学习前辈的经验，拒绝了与大家一起进步的机会，也就是在拒绝与他们建立一种比较和谐的关系。就像小树一样，在老树的荫庇下才能避开恶劣的环境，不用做出不必要的牺牲，就能成为栋梁之材。任何一个成功者的身边都有一个和谐的朋友圈，正因为有这个团体的存在，才有了他们的成功。所以，千万不要碍于面子而不肯开口求助，那并不是聪明之举。

第三节　为对方着想实为自己打算

在生活中、工作中，与人相处的时候，慷慨一点儿，多为别人着想一点儿，让出一些微小的利益给别人，这样对人际关系的维护能起到非常大的作用，最终能让你获得更大的成功和利益。

有一位双目失明的老人，他在夜间走路时，总是提着灯笼，点上蜡烛。路人不解，就问他，你眼睛看不见，这么做不是多余吗？这位老人正色道："我打灯笼是为了给别人照路，这样别人就不会撞到我了。"照亮别人等于照亮自己，为他人着想实际上就是为自身着想，生活中的许多事情都是这个道理。看看有多少人在帮助别人的同时，其实也不经意地为自己播下了成功的种子呢？也许这就是上苍对善者的回报。

当你有求于人的时候，想要让对方答应你的请求，最好的方法是什么呢？要知道，没有永远的关系，只有永远的利益。你需要设法让对方明白你能给他带来的好处，这样他就没有理由不帮你了。

美国汽车大王福特说过一句话："假如有什么成功秘诀的话，就是设身处地替别人着想，了解别人的态度和观点。"因为这样不但你能得到与对方的沟通和谅解，而且能更清楚地了解对方的思想轨迹及其中的"要害点"。瞄准目标，击中"要害"，可以使你的说服力大大提高。

曾经有人说，要想让别人相信你是对的，并按照你的意见行事，首先必须要人们喜欢你，否则你就要失败。可是如果你不能设身处地站在别人的角度，找到别人的诉求，又怎么可能让对方喜欢你呢？你的目的当然不是真的为了让别人喜欢你，可你需要通过这一方法来满足自己的需求。

卡耐基有一次租用某家饭店的大礼堂来讲课。有一天，他突然接到通知，租金要增加3倍。卡耐基去与经理交涉。他说："我接到通知，有点儿震惊，不过这不怪你。如果我是你，我也会那样做。因为你是饭店的经理，你的职责是尽可能使饭店获利。"

紧接着，卡耐基为他算了一笔账："将礼堂用于办舞会、晚会，当然会获大利。但你撵走了我，也等于撵走了成千上万有文化的中层管理人员，而他们光顾贵饭店，是你花几倍的钱也买不到的"活"广告。那么哪样更有利呢？"经理被他说服了。

卡耐基之所以成功，在于当他说"如果我是你，我也会这样做"时，他已经完全站到了经理的角度。接着，他站在经理的角度上算了一笔账，抓住了经理的诉求：赢利，使经理心甘情愿地把天平的砝码加到卡耐基这边。

在平时的人际交往中，不要觉得替别人着想是"便宜了别人"，对自己没好处。撇开道德的因素不谈，想对方之所想是你成功的重要保障，也是人际交往顺利与否的关键因素。

吉拉德是世界上最伟大的推销员。下面我们来看一个关于他的故事：

有一天，一位中年女人从对面的福特汽车销售商行走进了吉拉德的汽车展销室。

她说自己只是过来瞧一瞧，她已经看中了一辆白色的福特车，就像她表姐开的那辆，但是福特车行的经销商让她过1个小时之后再去。

吉拉德并不介意。微笑着说："夫人，欢迎您来看我的车。"

女人开心地告诉他："今天是我55岁的生日，想买一辆白色的福特车送给自己作为生日礼物。”

“夫人，祝您生日快乐！”吉拉德热情地祝贺道。随后，他轻声地向身边的助手交代了几句。

女人从一辆辆新车面前慢慢走过，吉拉德细心地给她一一介绍。当走到一辆雪佛莱轿车前时，他说：“夫人，您对白色情有独钟，瞧这辆双门式轿车，也是白色的。”

这个时候，助手走了进来，把一束玫瑰花交给吉拉德。他把这束漂亮的花送给夫人，再次对她的生日表示祝贺。

那位夫人感动得热泪盈眶，非常激动地说：“先生，太感谢您了，已经很久没有人给我送过礼物。刚才那位福特车的推销商看到我开着一辆旧车，一定以为我买不起新车，所以在我提出要看一看车时，他就推辞说需要出去收一笔钱，我只好上您这儿来等他。现在想一想，也不一定非要买福特车不可。”后来，这位妇女就在吉拉德那儿买了一辆白色的雪佛莱轿车。

真挚的祝福和玫瑰礼物，可能不是让这位夫人改变了主意的全部原因，但至少打动了她的心。让顾客放弃已经选中的福特车，选择雪佛莱轿车，不能不说，乔·吉拉德适时的爱心，发挥了很大作用。与其说是卖车的成功，不如说是做人的成功。

在人际交往中，为他人着想，就是为自己着想。一些禁烟的餐厅，都会在桌子上放几个烟灰缸，避免那些已经点起烟才发现禁止吸烟的人，因为没有熄灭烟头的地方而选择往桌子上拧、地板上踩，甚至直接丢进垃圾桶里造成火灾；服务周到的酒店内，甚至会在每个房间都放置一块擦鞋布或者鞋擦，这样房客在找不到东西擦鞋时，就不会去动用浴巾解决问题。

也许你觉得他们的行为是多此一举，但是，就是正因为他们的多此一举，让他们避免了许多损失，还让顾客觉得他们的服务很贴心。

第四节　以情动人更能办成事

求人办事，态度一定要诚恳，不能在求着别人时，还表现出傲慢的态度。那样，事情肯定是办不成的。

徐志摩还在7岁的时候，就已非常聪明，且对语言及文学方面表现出浓厚的兴趣，但到了15岁时，他觉得自己在这方面的学习长进不大，迫切需要一位精于此道的老师来指点他。听说有一位叫梁子恩的人在这方面很有造诣，徐志摩很想投入其门下学习，但苦于没有人从中引荐。巧的是，徐志摩的表舅与梁子恩是同窗好友，于是，他就前往表舅家请求表舅从中为其引荐。可是，徐志摩的这位表舅一贯是不希望自己的外甥去学这些的，所以不肯帮徐志摩的忙。

在与表舅的一席交谈中，徐志摩充分表达了自己的迫切愿望，他那诚恳坚定而又略带哀婉的语气，以及对长辈的谦恭之情，深深打动了表舅，使表舅觉得此子乃可造之才，最后答应了他，并亲自带徐志摩去梁子恩的家，让其拜在梁子恩的门下。从此，在老师的辅导和自身的努力下，徐志摩在诗歌上的造诣突飞猛进，最终成了一代伟大的诗人。

正是由于徐志摩态度诚恳，感情真挚，打动了表舅，才能顺利地拜师。这就告诉我们，求人办事多用商量、委婉、体谅的语气会更容易被人接受。

有一次，邻居家的孩子患病住院，邻居手头缺钱，就到小顾这里来借。他说：“我家孩子病了，借我点儿钱吧。”

小顾当时手头也紧。就为难地说：“要多少啊？我现在也不宽裕。”

谁知邻居轻蔑地说：“谁不知道你一个月挣好几千块呢，借我一千块还不容易！”

小顾听了这话非常不舒服，恨不得跟他吵两句。看在他们家孩子确实生病的份上，就掏出钱包里的四百块钱给他：“看在孩子的面子上我借您。其实我的钱都在外面收不回来，手头上没有那么多。”

可邻居仍然不依不饶：“好吧，下次我也不麻烦你了！”

小顾气得说不出话来。借到钱非但不感谢，还尽说风凉话。

这件事情过后两个月，又有位朋友到小顾家里来借钱。他说：“我刚刚开始学驾驶，钱都交学费了。我妹妹这两天要到北京来，我手头儿没钱，不知道你这里宽不宽裕？下个月5号一发工资我就还你。”

小顾觉得他态度诚恳，说话得体，就借给他1000块钱。下个月5号，他果然来还钱，还请小顾吃了一顿饭。他们的关系到现在一直都很好。

从人们的接受心理看，盛气凌人、颐指气使的命令口吻，最容易引起人们反感；而对平等商量、诚恳请求，人们总是有一种天然的妥协性。因此，协商的语气比起傲慢的口吻，更容易对别人产生积极的影响。何况，本来就是你有求于人，姿态理应放低一些。而且，我们不仅要低头，更要让人体会到自己求助时的真诚。

其实，真诚的重要性很容易体会。有时候我们看电视或者乘坐飞机，主持人和空中小姐的微笑似乎总是那么相似，看起来很完美，但过于职业和专业，似乎始终少了一点点人情味。因为她们的笑容已经成了职业习惯，很难真正打动人心。如果你用职业化的微笑、平静的声调来求人，是很难达到要求的。

无数事实证明，真正打动人心的讲话并不在于说得多么流畅，多么滔滔不绝，而在于你是否善于表达自己的真诚。最能推销产品的人并不一定是口若悬河的人，而是善于表达真诚的人。如果你能够用得体的话语表达出你的真诚，你就赢得了对方的信任，能建立起相互信赖的人际关系，对方也可能由信赖你进而喜欢你说的话，更进而喜欢你的产品。

同样，在请人帮忙的时候，说得多不一定效果就好，背得很熟、讲得最顺畅的言辞并不一定就是好的诉求。如果缺少诚意，言之无物，言语就失去了吸引力，就会变得跟一束没有生命力的绢花那样，非常美丽却不能鲜活动人，从而失去打动人心的能力。

第五节　央求要比婉求更有效

当有求于人时，需考虑各方面的问题。你要考虑，自己的请求会不会给对方带来压力？会不会让对方过于为难？这些难处，你自己首先替别人想到，比他自己本人说出来要更好。把话说得圆满，滴水不漏，感情真诚，别人也会尽自己的力量来帮你。

美国《纽约日报》总编辑雷特身边缺少一位精明干练的助理。他把目光瞄准了年轻的约翰，他需要约翰帮助自己。而当时约翰刚从马德里卸除外交官职，正准备回到家乡伊利诺伊州从事律师行业。雷特请他到联盟俱乐部吃饭。饭后，他提议请约翰到报社里去坐坐。那天，从许多电讯中间，雷特找到了一条重要消息。当时恰巧国外新闻的编辑不在，于是他对约翰说："请你坐下来，为明天的报纸写一段关于这个消息的社论吧。"约翰自然无法拒绝，于是提起笔来就写。社论写得很棒，大家看了之后都很赞赏，于是雷特请他再帮忙顶缺一星期、一个月，渐渐地，干脆让他担任这一职务。约翰就这样在不知不觉中放弃了回家乡做律师的打算，最后决定留在纽约做新闻记者了。

试想，假如当初雷特央求约翰放弃做律师的打算，留下来做记者，约翰未必会同意。但通过这种方式，雷特心甘情愿地留了下来。由此可见，央求不如婉求，劝导不如诱导。

要想办事成功，没有一定的办事套路是行不通的，而婉求与诱导就是其中的一种。在办事中，要想与别人建立良好的互动关系，让别人对你的事情感兴趣，必须先诱导他们尝试一下，这往往是一种与人合作、求人办事的有效策略。

人的心理是非常微妙的，有时往往一言不合，你就难以达成目的。所以，想要在求助的时候不失分寸，仔细揣摩对方、抓住对方的心理、引起对方的知音之感是第一要诀，也是说服他人帮忙的一大技巧。

很多时候，如果你开门见山地提出要求，很容易“碰钉子”。但倘若你先和对方沟通感情，就能让对方对你产生一种“自己人”的感觉，从而对你产生信任的感觉，认为你的动机是友好的。这时候，你再婉言提出自己的请求，效果就会十分明显。

某钢材公司的销售经理小陈听说某公司要进一批钢材，正在联系货主。于是，小陈就和该公司联系。但是他发现已有数家钢材公司同时和这家公司联系，竞争十分激烈。小陈通过调查该公司人员发现，该公司的一位部门经理竟是自己高中时的同学小郑。虽然二人已经十多年没见面了，但小陈还是决定约见小郑。

周六晚上，小陈和小郑在一家酒楼相聚。见面后，自然是感慨万千，各自欷歔不已。一阵寒暄之后，小陈谈起了高中时的往事：

“小郑，不知你还记不记得，高一时我们的那次春游。那时真是天真烂漫，记得爬山时的情景吗？咱班的刘茜怎么也爬不动了，让你拉她一把，你脸红得不得了，还不好意思呢！”

小郑不好意思地笑了起来：“我那时哪有那么大的胆子，不比你，用一条橡皮蛇吓得女生们都不敢往前走了。还是我揭穿了你的诡计，把你的

‘蛇’扔到了山下，你还吵着让我赔来着。”说着两个人都笑了起来。

两个人又谈起了高中时的许多往事，越谈越来劲儿，越谈越动情。

时间已经不早了，两个人又聊到了当前的工作。小陈顺势说：“我们公司最近有一批好钢材，质优价廉，听说你们公司正需要，怎么样，咱兄弟也合作一回吧？”

当时的小郑还正沉浸在高中的回忆之中，一听到老同学有所求，自己公司又需要，二话没说，当即就说：“这不是太容易了嘛！回去我就跟我们的销售经理说，只要你们的钢材质量过关，保证没问题。”果不其然，几天后，在老同学的帮助下，小陈顺利地签订了购销合同。

小陈正是利用与小郑的这层同学关系，先勾起对方的回忆和感情，再顺水推舟婉言提出合作之事，小郑也乐得做个人情。双方既增进了友情，又做成了生意，可谓一举两得。

除此，在求人帮忙时，适当地承诺，并给予对方一定形式的回报，这样对方会觉得他的付出是值得的，你是真心实意的，也乐意为你做事。所以，不妨委婉地表示愿意在事成之后给对方某种回报或口头感激对方的帮助，即使不能马上回报，也可以承诺在对方需要的时候一定会鼎力相助。有时候，即使你没有什么能力和条件回报对方，只要把话说到，表达出这种感激的意识，对方也会对你多一分好感。

第六节　借用“光环效应”求人易成功

人们所说的光环效应，简单地说，就是假如一个人被认定是好的，那么他身边的其他人也都被认为是好的，这有点儿“爱屋及乌”的原理。

在现实生活中，人们总是有这样的心理：名人必然有过人之处，名人的生活环境有着特殊之处，与名人有联系的必定是不一般的。基于这种心理，人们纷纷追逐、效仿名人，所以，与名人沾边的东西也就容易成为抢手的东西。而现代的创富理念是：借助别人的人气给自己创造财富。所以，巧妙利用名人效应，恰当、和谐地处理和利用来自方方面面的种种人际关系，包括善于借用名人的声望地位等，就可以轻而易举地实现自己的梦想。

美国一个出版商有一批滞销书久久不能脱手。一天，他忽然想出了一个主意：给总统送去一本书，并三番五次去征求意见。忙于政务的总统不愿与他多纠缠，便回了一句：“这本书不错。”出版商便借总统之名大做广告：“现有总统喜爱的书出售。”于是，这些书被人一抢而空。

不久，这个出版商又有书卖不出去，就又送了一本给总统。总统知道了他的想法，想奚落他，就说：“这书糟透了。”出版商闻之，脑子一转，又做广告：“现有总统讨厌的书出售。”这下，不少人出于好奇争相抢购，书又悉数售尽。

第三次，出版商将书送给总统，总统接受了前两次的教训，便不做任何答复，出版商便做广告说："现有令总统难以下结论的书，欲购从速。"居然又被一抢而空。总统哭笑不得，商人却借总统之名大发其财。

贵人不一定都是名人，可名人无一例外地基本都可以成为助你成功的贵人。俗话说，"大树底下好乘凉"，打好名人这把"伞"，巧用光环效应来改变自己的事业轨迹，其实也不是一件难事。关键看你会不会把握时机，会不会巧妙地变不利为有利。

在现代社会，借势这种手段已被政治、经济、文化以及外交等领域广泛运用。而且大有日趋扩展之势。巧借名人不失为一种提高自身形象，扩大自己影响的策略和技巧：如请社会名流为你题个词，请专家教授为你写的书作个序，作为提高你的身份和能力的资本，等等，借助"实力人物"的名声提高自己的社会知名度。

一时借名人的影响力都可以达到这么不同凡响的效果，那么如果能够与名人建立长久的联系并维持好友善的关系，岂不更事半功倍吗？其实，结交名人并不是什么难事，通过名人让更多的人认识自己，增强自己的影响力，这跟推销某种商品的性质是一样的，其途径不外乎就是要得到他人的认可。

那些成功者肯定没有三头六臂，他们也同样经常需要别人的帮助。他们无论个人能力多么全面，都不能靠自己一个人解决一切问题。但是，他们却解决了这些孤军奋战的苦恼。最关键的原因就在于，他们知道构建什么样的人脉圈最能带给自己帮助，结识什么样的人能够给自己一个前进的台阶。他们还拥有充足的人脉，并且善于处理人际关系。

其实，每个正常的人都有成为顶尖人物的机会。生活中，有的人成功了，有的人却败下阵来。究其原因，除了专业知识、工作态度之外，很重要的一点就是有无良好的人际关系。所以，如果你想成为出类拔萃的人才，就必须注意拓展自己的人际关系，主动结识那些能帮助自己的贵人。人脉竞争力提高了，你的出路就会宽广，你就能在工作生活中找到机会，展现自己的竞争能力。如果单单靠提升自己的专业技能而不注重经营人脉，你的成功或许会姗姗来迟。

在如今这个年代，贵人是自己寻找和长期经营得来的，核心秘诀就是用心+坚持。抱着付出的想法去结识他人，你的收获一定会比别人多。

认识关键性的重要人物，首先就要不局限于你经常接触的圈子，除非你本身已经是个很高端的人物。譬如学生就可以争取以志愿者的身份参与各种重要活动、成功人士讲座、校外会展等；毕业生争取进入一流大公司，通过职业交际结识更多的杰出人士。

在事业的发展中，倘若能结交一些名人或者一些贵人，这对事业的成功来说可以起到事半功倍的效果。有了名人和贵人的扶助，能让一个人的成功来得更加顺利。可以说，名人效应是你人生中的转折点，他们能让你的一生得到改变。可惜的是，大部分的人都没有这种意识，他们也因此而错过了很多成功的机会。因此，如果你也想成功，不妨去吸收多方面的名人人脉。如此，你便能在激烈的竞争中脱颖而出。

PART 9 第九章

低头一定要讲方圆

DI TOU YI DING YAO JIANG FANG YUAN

做人难，难做人。生活在这纷繁的世界，做人真的很难，要做得人人喜欢更难。纵观世界历史，大凡能成就伟业者，无不是深谙做人之道。知道做人何时应该进，何时应该退，何时应该发脾气，何时应该深藏不露……那些成大事者，多是方圆通达，在危难时刻总能把做人的机智技巧运用得淋漓尽致。做人既不要过分，也不要太怵；既要懂得方圆，又要有做人的原则，这才是成功的处世之道。

第一节 圆融之人通常不会恪守经验

在生活中，一些不懂得圆融变通的人，常常会遵循已有的经验，平淡地处理事情，安稳地过日子，他们日复一日、年复一年地去做别人为他们安排好的工作。在这个过程中，他们不敢去突破自己以往所做的工作，而对于那些未知的事情心中更是充满了恐惧。

这些人思想守旧，心不敢乱想，脚不敢乱走，手不敢乱做，凡事小心翼翼，中规中矩，虽然他们办事稳妥，但也不会有创造力，不懂得如何创造性地完成任务，也就不可能将工作做到卓越。

下面这个故事中的主角，就是由于固守老经验而有了那次悲惨的遭遇。事后，他悔恨地感叹：都是老经验害了他们，如果当时能够冒险试一试，哪怕只试一次，其他的船员也不会丧身孤岛。

那一次，他所在的远洋海轮不幸触礁，沉没在汪洋大海里。船上包括他在内的9位船员拼死登上一座孤岛，才暂时得以幸存下来。

但接下来的情形更加糟糕。岛上除了石头，还是石头，没有任何可以用来充饥的东西。更为要命的是，在烈日的暴晒下，每个人都口渴得冒烟，水成了最珍贵的东西。

尽管四周都是水——海水，可谁都知道，海水又苦又涩又咸，饮用过后反而会更加口渴，最终会因严重脱水而死亡。现在9个人唯一的生存希望是老天爷下雨或过往船只发现他们。

等啊等，老天还是没有任何下雨的迹象，天际除了海水还是一望无边的海水，没有任何船只经过这个死一般寂静的岛。渐渐地，他们支撑不下去了。

其他8名船员相继渴死了，只剩下他一个。饥渴、恐惧、绝望环绕在他的四周，当他也快要渴死的时候，他实在忍受不住，跳进海水里，“咕嘟咕嘟”地喝了一肚子海水。他喝完海水，一点儿也觉不出海水的苦涩味，相反觉得这海水非常甘甜，非常解渴。他想：也许这是自己死前的幻觉吧，便静静地躺在岛上，等着死神的降临。

他睡了一觉，醒来后发现自己还活着，感到非常奇怪，于是他每天靠喝海水度日，终于等来了过往的船只。

他得以生还后，大家都很奇怪这片海水为什么是甘甜的可饮用水，后来有关专家化验岛上的海水时发现，这片海下有一口地下泉。由于地下泉水的不断翻涌，所以，这儿的海水实际上是可口的泉水。

谁都知道“海水是咸的”，“根本不能饮用”，这是基本的常识，因此8名船员被渴死了。追根究底，还是老经验害死了他们。而第9名船员在求救无望的生死之际，颠覆了老经验，做出了异于常人的举动，而正是这一举动使他找到了一线生存的希望。

这个故事也告诉我们，再好的经验也会成为过去，如同高科技产品一样，今天是博览会上的高、精、尖，明天就可能成为博物馆里的“古董”。下面小虎鲨的故事也证明了这一点。

小虎鲨长在大海里，当然很习惯大海中的生存之道。肚子饿了，小虎鲨就努力找大海中的其他鱼类吃，虽然有时候要费些力气，却也不觉得困难。有时候，小虎鲨必须追逐很久才能猎到食物。这种难度，随着小虎鲨经验的增长越来越不是问题，并不对小虎鲨的生存造成任何影响。

很不幸，小虎鲨在一次追逐猎物时被人类捕捉住了。离开大海的小虎鲨还算幸运，一个研究机构把它买了去。关在人工鱼池中的小虎鲨虽然不自由，却不愁猎食，研究人员会定时把食物送到池中。

有一天，研究人员将一片又大又厚的玻璃放入池中，把水池分割成两半，小虎鲨却看不出来。研究人员把活鱼放到玻璃的另一边，小虎鲨等研究人员放下鱼后，就冲了过去，结果撞到玻璃，疼得眼冒金星，却什么也没吃到。小虎鲨不信邪，过了一会儿，它看准了一条鱼，"咻"地又冲过去，这一次撞得更痛，差点儿没昏倒，当然也没吃到鱼。休息10分钟后，小虎鲨饿坏了，这次它看得更准，盯住一条更大的鱼，"咻"地又冲过去，情况仍没有改变，小虎鲨撞得嘴角流血。它想，这到底是怎么回事？小虎鲨趴在池底思索着。

最后，小虎鲨拼着最后一口气，再冲！但是仍然被玻璃挡住，这回撞了个全身翻转，鱼还是吃不到。小虎鲨终于放弃了。

不久，研究人员又来了，把玻璃拿走，又放进小鱼。小虎鲨看着到口的鱼食，却再也不敢去吃了。

西点军校的教官告诫学员：人类也很容易像小虎鲨一样被过去的经验所限制，如果你不想没有食物吃，那就勇敢地跨过经验这道门槛。

经验告诉人们的只是过去成功的过程，而不是未来如何成功。你千万不要以为在人生这个广袤的大海里，只能抱着那些曾经的经验，在祖辈开辟的领海中游弋。与恪守老经验的人不同，具有创新思维的人长了一身的"反骨"。别人拿苹果直着切，他偏偏横着切，看看究竟有什么不同；别人说“不听老人言，吃亏在眼前”，他偏不听，偏要自己闯闯看。具有创新思维的人不愿死守传统，不愿盲从他人，凡事喜欢自己动脑筋，喜欢有自己的独立见解。他们思想开放，不拘小节，兴趣广泛，好奇心强，喜欢标新立异，最爱别出心裁。因此，具有创新思维的人脑瓜儿活、办法多，最能创造出好成绩。

在这快速发展的信息时代，经验已经不能取代一切。一味地恪守经验只能使自己误入歧途，更会阻碍创新思维的发展。在实践的过程中，不妨利用好老经验，并在它的基础上进行一些创造，如此，便能摆脱老经验的束缚。

第二节　圆融就是走捷径

一些懂得圆融的人，他们的思路通常很活跃。他们能够以敏锐的思维找到问题的症结所在，寻找更好的方法来获得最佳结果。所以，在追求目标的过程中，懂得圆融的人通常会比因循守旧的人更容易找到做事的捷径，以较少的代价获得更大的成功。

张峰来这家快餐店工作的时间不长，却很快拿到了最高的薪金。对于这种“不公平”的分配，其他人提出了异议。面对周围人的牢骚与不解，老板让他们站在一旁，看看张峰是如何完成服务工作的。

在冷饮柜台前，顾客走过来要一杯麦乳混合饮料。

张峰微笑着对顾客说：“先生，您愿意在饮料中加入1个还是2个鸡蛋呢？”

顾客说：“哦，1个就够了。”

这样快餐店就多卖出1个鸡蛋，在麦乳饮料中加1个鸡蛋通常是要额外收钱的。而其他人一般会问：“您愿意在饮料中加鸡蛋吗？”顾客一般会回答：“不用，谢谢。”

看完张峰的服务过程，其他人恍然大悟。

张峰是一个懂得圆融的人，他的成功在于其做事会讲究方法和策略，这样让顾客无论怎样选择，他都至少会卖出一个鸡蛋。所以，他在销售上的成绩，自然要比别人好很多。圆融的人，往往能够很快找到捷径。他们会突破思维定式，及时地转换脑筋，以达到最好的效果。但是，他们的圆融，并不是建立在没有道德约束的前提之下的，他们寻找到的捷径，也势必是正当的，而非投机取巧，损害他人的利益。

一个年轻的经理带了些未完成的工作回家处理，为第二天的一个重要会议做准备。他5岁的儿子每隔几分钟就跑过去打断一下他的思路。

几次之后，他看见了一张有世界地图的晚报，于是他把地图拿过来撕成几片，让他的儿子把地图重新拼起来。他以为这样能使那小家伙忙上一阵子，以便借此时间他能完成工作。没想到5分钟后，儿子又跑过来兴奋地告诉他已经拼好了，这个经理十分吃惊，问儿子怎么能拼得这么快。小家伙说："图的背面有一个人，我只要把它翻过来，人拼好了，地图就拼好了。"

按照经理的想法，拼一个地图是要费很长时间的，可是儿子因为懂得变通，换了一个角度，也就可以在最短的时间里完成任务了。他的做法就是做事的一种圆融。

圆融的精髓就在于用最小的代价换取最大的收益。要达到目的有时并不需要像老黄牛般勤恳，恰恰相反，走捷径在某些时候是最好的方法。

圆融的工作方法可以提高效率，善于用圆融变通的思路和方法去解决生活中的问题和困难，是一个人事业决胜的根本。

美国摩根财团的创始人摩根，原来并不富有，夫妻二人靠卖蛋维持生计。但身高体壮的摩根卖蛋远不及瘦小的妻子。后来他终于弄明白了原委，原来他用手掌托着蛋叫卖时，由于手掌太大，人们眼睛的视觉误差害苦了摩根。他立即改变了卖蛋的方式：把蛋放在一个浅而小的托盘里，出售情况果然好转。摩根并不因此满足。眼睛的视觉误差既然能影响销售，那经营的学问就更大了，从而激发了他对心理学、经营学、管理学等的研究和探讨，最后终于创建了摩根财团。

而日本东京的一个咖啡店老板则利用人的视觉对颜色产生的误差，减少了咖啡的用量，从而增加了利润。他给30多位朋友每人4杯浓度完全相同的咖啡，但盛咖啡的杯子的颜色分别为咖啡色、红色、青色和黄色。结果朋友们对完全相同的咖啡的评价不同，他们认为青色杯子中的咖啡“太淡”；黄色杯子中的咖啡“不浓，正好”；咖啡色杯子以及红色杯子中的咖啡“太浓”，而且认为红色杯子中的咖啡“太浓”的占90%。于是，老板依据此结果，将其店中的杯子一律改为红色，既大大减少了咖啡用量，又给顾客留下了极好的印象。结果顾客越来越多，生意随之愈加红火。

其实，取巧不是投机倒把，而是用最少的成本换取最大的收益，这就是变通的妙处所在。而比别人更快、更吸引眼球、并能投其所好的人，这些人看起来不“老实”，那些不循常规的“小聪明”，其中却隐藏着变通的大智慧。善于在问题面前走捷径的人，一定比只知拉车、不懂看路的人能获取更大的成功。

第三节　方圆之人往往不被小节牵绊

一个拥有方圆智慧的人，往往不拘泥于小节；一个拥有方圆智慧的人，通常也不会追究一些细碎的小事；一个观赏大玉圭的人，不会揪住它的小疵不放；一个得巨材的人，不会为其上的蠹蛀而快快不乐。因为一点儿瑕疵就扔掉玉圭，还是得不到完美的美玉；因为一点儿蠹蛀就扔掉巨材，天下还是没有完美的良材。因此，要想成就大事，就必须统观全局，如此，才不被小事所牵绊。

有一年，狄青要出守边塞，他的好朋友韩将军向他推荐了一名猛士，这名猛士叫刘易。刘易熟知兵法，善打恶仗，对狄青守卫的那段边境的情况非常熟悉，狄青带他一起到边境去十分必要。但是刘易有个不良嗜好，就是特别爱吃苦荬菜，一顿饭吃不到苦荬菜就会呼天喊地，骂不绝口，甚至还会动手打人，士兵、将领都有点儿怕他。

刘易和狄青一起到边塞后，忙于军务，每天早起晚睡，从内地带的苦荬菜很快就吃完了，而边塞又见不到这种野菜。这天，士兵送来的菜里缺少了苦荬菜，刘易便把盛饭菜的器皿扔到地上，并在军营中大闹不止。士兵将此事情报告给狄青，狄青听了非常生气。

就这种情况而言，刘易这样的人是绝不能留在戍边军队中的，但刘易又确实与众不同。狄青考虑，与这种性格刚烈的人发生正面冲突，不仅破坏了自己与韩将军的朋友关系，而且会影响刘易的情绪；但是如果放任不管，势必会动摇其他士兵的军心，影响戍边大业。

于是，狄青出面好言安抚刘易，并立即派人回内地去取苦荬菜。一部分将领见这种情况，非常不服气，说狄将军骁勇善战，屡建奇功，而刘易何德何能，却要狄将军放下军务派人去给他弄苦荬菜吃。特别气愤的将领还想去与刘易比一比武艺，杀一杀刘易的威风。狄将军急忙劝阻众将说："刘易原来不是我的部下，如果你们与他计较，争强斗胜，传出去势必会给敌人以可乘之机。我们现在要加强团结，绝不能争一时之短长。"

当这些话传到刘易的耳中时，他非常感动。狄将军派人专程去弄苦荬菜，刘易觉得自己获得了同情和理解；狄将军劝阻将领勿争强斗胜，刘易觉得其是真正顾全大局，宽宏大量。在这种情况下，自己不该再给非常忙碌的狄将军添麻烦。

过了几天，刘易懊悔地去找狄青，说："狄将军，您治军严整，我在韩将军手下时就有耳闻。这次我因这么点儿小事就大闹，您不仅不责怪我，还原谅了我，我一定会报答您。"从此，刘易再也没为苦荬菜闹过事，并且逢人便夸狄将军的宽阔胸怀。

有句古话说得好："木秀于林，风必摧之。"这句话的意思，就是告诫人们不要过于逞强。争强好胜、得理不饶人，往往容易激怒对方。表面上看，你似乎比别人强，而实际上是缺少智慧，把对方推到了与你完全对立的位置上。这样，你做事就会遇到比别人更多的困难。而善于处世的人，他们常常更多地体谅别人，巧妙地表达自己的思想，并给人留有余地。不与别人计较一时之短长，这样就可以团结大多数的人，在大家的帮助下实现自己的目标。狄青在这方面的智慧体现得淋漓尽致。不仅收服了刘易，而且收服了其他将领、士兵。狄青的处世方法，不管是谁，都会被他宽容的胸怀所折服。狄青这样做是由于他做人原则所主导，因为他的成功做人，即使不能使刘易折服，他仍然是一个成功者：第一，他问心无愧；第二，树立了自己做人的品牌，不怕以后没人相助，无人合作。从这个意义上讲，做人是做给自己的，尤其注重自己小节上的做人的人，往往可以打动周围的人。

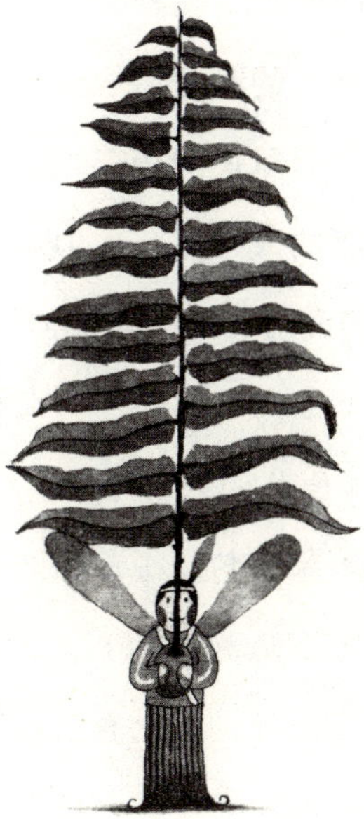

第四节　圆滑还要有一定的度

精通圆融的人，会灵活处世，懂得变通，是值得人们去欣赏和学习的。可是，如果过于圆滑，那就会变得世故了。

老于世故的人是不诚实的，他们总是防着别人，所以总想用谎言来掩饰自己的本意；老于世故的人，是狡猾，他们对任何事情都有着高明的手段，所以总是能够牺牲他人的利益而成全自己；老于世故的人，会利用一切可利用的因素，向人们展示他的伪善，而事实上他们总是怀有另一种目的和阴谋。尽管老于世故的人很聪明，但是狐狸的尾巴总有露出来的一天。他们迟早会被人戳穿假面目，不会有任何好下场。

王莽乃汉元帝皇后王政君之侄。幼年时父亲王曼去世，很快其兄也去世了。王莽孝母尊嫂，生活俭朴，饱读诗书，结交贤士，声名远播。

王莽对其身居大司马之位的伯父王凤极为恭顺，因此王凤临死嘱咐王政君照顾王莽。汉成帝时（公元前22年），王莽初任黄门郎，后升为射声校尉。王莽礼贤下士，清廉俭朴，常把自己的俸禄分给门客和穷人，甚至卖掉马车接济穷人，深受众人爱戴。其叔父王商上书愿把其封地的一部分让给王莽。

永始元年（公元前16年）王莽封新都侯，骑都尉，光禄大夫侍中。绥和元年（公元前8年）继他的三位伯、叔之后出任大司马，时年58岁。翌年，汉成帝薨。汉哀帝继位后丁皇后的外戚得势，王莽退位隐居新野。其间他的儿子杀死家奴，王莽逼其儿子自杀，得到世人好评。公元5年，王莽毒死汉平帝，立年仅两岁的孺子婴为皇太子，太皇太后命王莽代天子朝政，称“假皇帝”或“摄皇帝”。从居摄二年（公元6年）翟义起兵反对王莽开始，不断有人借各种名目对王莽劝进称帝。初始元年（公元8年）王莽接受孺子婴禅让后称帝，改国号为新，改长安为常安，开中国历史上通过篡位做皇帝的先河。

后来他托古改制，进行改革，但由于贵族、豪强破坏，改制没有缓和社会矛盾，反使阶级矛盾激化。他又对边境少数民族政权发动战争，赋役繁重，横征暴敛，法令苛细，终于在公元17年爆发了全国性的农民大起义。公元23年，新王朝在赤眉、绿林等农民起义军的打击下崩溃，王莽也在绿林军攻入长安时被杀。

唐代诗人白居易的诗说得最是精彩：“周公恐惧流言日，王莽谦恭未篡时。向使当初身便死，一生真伪复谁知？”是啊，伪君子就是这样，表面满嘴道德，暗地里却任意妄为。

老于世故的人常常是伪君子，是阴险的道德家，说着言不由衷的谎话，干出欺名盗世的勾当。他们有蜜糖般的谎言，有处心积虑的幌子以及儒雅的外表和夸张的表情。他们有着慢条斯理的言辞、文绉绉的腔调，甚至连举止都是温文尔雅的。可是，他做出来给人们看的一面，跟他内心里想的，实在是有太大的差别。

当然，老于世故的人因为手段高明，所以经常玩弄他人于股掌之中，可是，一旦他们的计谋被揭穿了，露出了真正的面目，就会落得众叛亲离的下场，再也不会有人愿意守在他的身边，伴随他并且相信他了。

提到老于世故的人，我们同时也不能忘记金庸的《笑傲江湖》，其中那表面温、良、恭、俭、让的岳不群，算是谦谦君子的典范，可是一部绝世武功《葵花宝典》，便把他所有的伪装撕破，最后男不男、女不女，与之前的君子形象形成强烈反差，真是绝大的讽刺。

事实上，尽管他费尽了心力，善于伪装，可是到了最后，他的亲人都离开了他，他的徒弟也跟他站在了对立面，并且人人都希望除掉这个魔头。自认为聪明一世的人，却落得众叛亲离，人人喊打的下场。可见，做人不能太圆滑，不能太世故，而应该以方正为准则，遵守道德规范。因为只有在这个前提下的圆融，才是真的聪明处世的手段，才是灵活应世的锦囊。

第五节　方圆相通才能成功做人

任何成功的背后都包含了许多的牺牲。如果说一个人做人做到了内方外圆的话，那也肯定做出了许多的牺牲。比如，说做事要方，做事要有规矩、有原则，那就意味着许多事不能做，许多事又非要做，那无疑也就意味着会得罪许多人，惹恼许多人，意味着要舍弃许多，甚至招来杀身之祸。

圆，狐狸多机巧；方，刺猬仅一招。圆是天，方是地；圆多变，方稳定；圆乐观，方迷惘；圆有自由，方有信仰。

自古以来，有圆就有方，就连钱币，也都是风靡一时的外圆内方。圆中有方，做人要圆，却也不能失了方的刚正。

人的思想变幻无穷，高深莫测，令人难以捉摸，而人的性格却相对简单得多。一个人活在世上，如何处好事做好人，关键在于他把圆与方糅合得是否相互依存却又不冲突。

举个例子，清朝雍正时期的田文镜，办事一丝不苟，事无巨细，但他的方式实在有些让人受不了，都是硬的。这样一来，朝中便没有什么人与他交好。可与他同朝为官的李卫就不同。李卫办事同样是一丝不苟，事无巨细，但他懂得方圆兼并，软硬兼施，刚柔并济，其实这才是最好的为官之道。方，是田文镜的处世为官之道，他只以不变应万变，好比刺猬。而李卫则兼收田文镜之刚硬，再加上他自己好比一只狐狸，这样，李卫的官路就比较顺达。

由此可见，通晓方圆智慧是成功处世的前提。只有善于在左左右右的复杂关系中，找到自己的安全点，换言之，只有权衡左右关系，才能找到不败的安全点。提起刘墉的父亲刘统勋，似乎在人们脑海里马上闪现出一个疾恶如仇的清官忠臣形象。其实，这仅仅是从表面上看问题罢了。因为在封建社会皇帝独裁的情况下，一个大臣无论多么能干，即使有通天的本事，如果处处与皇帝对着干，老是逆龙鳞，其下场也好不了，而且官也不可能做长。

在乾隆皇帝的眼里，刘统勋是个才品兼优的清官，也是个不辱皇命，与君一体的能臣。也正因为如此，他才能在众多汉官中脱颖而出，官拜东阁大学士，直至出任领班军机大臣。其最主要的原因，就是刘统勋通晓方圆智慧、精于方正圆滑、明哲保身的糊涂为官之道。

刘统勋的疾恶如仇、对皇帝忠贞无人可比，否则他也不可能被乾隆帝打破汉人不能居军机大臣首席的惯例，并且在死后被称为“真宰相”。据《清史稿》记载：“统勋岁出按事”，著名的如广东粮驿道员明福违禁折收钱粮案，云贵总督恒文、巡抚郭一裕借上贡之名勒索属员金钱案，山西将军保德侵吞钱粮案，江苏布政使苏崇阿误论书吏侵蚀库帑案，江西巡抚阿思哈收受贿赠案等，几乎乾隆中期有关地方大吏贪赃枉法大案，无不由刘统勋负责审理，足以证明乾隆帝对刘统勋的信任和寄予的厚望。

当然，刘统勋的疾恶如仇是与对皇帝忠贞紧密相连的，也就是说他的好恶标准，完全是以皇帝的喜好为转移的。这就是“方正圆滑，明哲保身”的糊涂为官之道的精髓。

乾隆二十八年（1763年），癸未科新进士褚筠心和董东亭因向刘统勋求情不成，反而受损，就足以说明刘统勋明哲保身的为官之道。

褚筠心和董东亭本为该科一榜中的巨擘，诗文、书法皆冠于一时。但二人唯恐殿试不得前列，于是，董东亭找到了主考大臣刘纶，褚筠心则找到了同为主考的刘统勋。

刘纶，江苏武进人，乾隆元年（1736年）以廪生举博学鸿词科试第一，登入仕途，而后即以才能和品学官阶累迁，卒至文渊阁大学士。刘纶因与刘统勋同为乾隆帝赏识和选拔的得力大臣，又因与刘统勋同样清廉刚正，所以，两人被时人并称为“二刘”。为了加以区分，山东人刘统勋被称为“东刘”，而江南人刘纶则被称为“南刘”。据时人所言，刘纶赋性之洁、为人之正，丝毫不在刘统勋之下。

一次，侍郎王昶充军机章京，因有争奏，具草后，连夜奔赴时任军机大臣的刘纶府第。时值严冬，寒气袭人，刘纶亲自操笔为王昶点定后，即唤家人准备酒菜，然而其厨内空之无食，仅有白枣数枚作下酒菜。

但作为大臣而言，精通明哲保身之道的刘纶，除了清廉之外，尤以谨慎公正得人心，他不止一次地出任科举考试官，曾言：“衡文始难在取，继难在去。文佳劣相近，一去取间，干我甚易，独不为士子计乎？”所以，凡是由他审衡的士子文章，总是反复比较，衡鉴甚精，以求不失于公正。

现在，褚、董二人为了殿试顺利过关，找到了这两位精通明哲保身的大佬，实在让他们为难，本来，如果不找的话，两人肯定是列十名之内，但现在既然找到了，如果再将此二人列为榜首，“二刘”均担心于自己的清誉受损。于是，一向标榜唯才是举的“二刘”，采取了方正圆滑、明哲保身的糊涂之道，即二人均不得入前十名，最后的结果褚卷名列第十一，董卷第十二，褚、董二人不但求营未成，反而因之受累。

时势变迁，事物的发展也随之变化，因则对策也要随之改变，这才是方圆高手最明智的保身之道。

做人难，难做人。生活在这纷繁的世界，做人真的很难，要做得人人喜欢更难。纵观世界历史，大凡能成就伟业者，无不是深谙做人之道。知道做人何时应该进，何时应该退，何时应该发脾气，何时应该深藏不露……那些成大事者，多是方圆通达，在危难时刻总能把做人的机智技巧运用得淋漓尽致。其实做人没有什么法则可遵，但做人的戒律却一定不能违背。在为人处世中，有些人不管不顾、自私自利、刻薄尖锐，又多斤斤计较，这种人肯定是一个不受欢迎的人，也是一个做人失败的人。

做人既不要过分，也不要太怵；既要懂得方圆，又要有做人的原则，这才是成功的处世之道。

PART 10 第十章

低头也要有“心机”

DI TOU YE YAO YOU XIN JI

人生活在社会上，凡事都要有点儿“心机”。“聪明才智之人不足畏，唯沉潜人道、澄心观理者为可畏。”世事洞明却深藏不露的人才是真正可畏的人。揣着明白装糊涂是一种达观，一种洒脱，一份人生的成熟，一份人情的练达。懂得了这一点，我们才能挺起刚劲的脊梁，披着温柔的阳光，到达希望的彼岸。

第一节　有心机的人更易成功

人们常说：某某真有心眼儿，表面不言不语的，心里盘算得可明白着呢！红楼梦里不就说王熙凤“少说也得有一万个心眼子”吗？那么，心机是指有心眼儿吗？

也许你也听说过：“某某是个聪明人，是是非非撇得很清，看事情看得明白，一点儿麻烦也不惹，一点儿亏也不吃。”或者“某某就是个小鬼头儿，古灵精怪的，眼睛经常转来转去。不知道心里又在琢磨些什么呢！”等等。这些都是一个人的心机吗？答案有待揭晓。

往往一说起心机，大家想起的都是些略带贬义的形容词。自古人们就崇拜热血男儿，欣赏真性情的人，喜欢直爽的人。看看《水浒传》，里面的英雄个个都是直言不讳，豪情冲天；看看《三国演义》，很多仗义直行的硬汉，肚子里一点儿花花肠子都没有；看看金庸的武侠小说，也都是一些像萧峰似的硬汉类人物最得大家的崇拜。可是，你有没有想过这样的问题：现在的社会还是以前那样凭力气和刀剑就可以横行无敌的江湖吗？再退一步讲，那些受大家崇拜的英雄式人物，有多少人的结局是“英雄式的悲哀”呢？

在现代社会中，一般人都不喜欢谋略意识强烈的人，也就是心眼太多的人。然而，在现实社会中，欺骗、狡诈的人大有人在。与其说欺瞒他人的行为太卑鄙，倒不如说吃亏上当的人太单纯、太大意。

从某种角度看，人生也是一场战争。在这场战争中，为了求生存，必须要有慎重的生活方式和态度，这样才不至于上某些人的当，吃大亏。当然，你并不需要去欺骗别人，但是，社会上鱼龙混杂，陷阱和圈套可以说是无处不在，因此你必须小心提防。所谓“害人之心不可有，防人之心不可无”。

事实上，历史上很多英雄人物的失败，或者说没有达到理想的功业，有一大部分原因就是太没有心机。太过刚直则易被外力摧毁。所以，想要做成大事，想要做成丰功伟业，特别是利国利民的大事，一定不要凭借一己之力蛮干，要学点儿心机，刚柔并济，内外兼修，才能进退自如，拥有无穷力量。

人生活在社会上，凡事都要有点儿“心机”。“聪明才智之人不足畏，唯沉潜人道、澄心观理者为可畏。”世事洞明却深藏不露的人才是真正可畏的人。揣着明白装糊涂是一种达观，一种洒脱，一份人生的成熟，一份人情的练达。懂得了这一点，我们才能挺起刚劲的脊梁，披着温柔的阳光，到达希望的彼岸。

事实上，人的心机并没有确定的范围，但它有一定的原则——那便是你的出发点要好，不是依靠自己的小聪明去算计别人，更不是去陷害别人。把心机说得更透一点儿，就是在这大千的世界中，让自己做一个明白人，能够洞悉外界的险恶。如此一来，既能保护自己，还能安全地到达成功的彼岸。

第二节　有时吃回头草也不为过

仔细想一下，一个人一生中真正不能“回头”的事并不算多，如果人生有时间和空间的话，唯有时间才是真正不能“回头”，一去不复返的，而“不吃回头草”只是一句俗话，如果愿意，任何一匹马都可以在不同的时间“光顾”同一棵草，前提是那棵草还在那里等着这匹马。

一匹膘肥体壮的马从草原上经过，眼前全是绿油油的青草，它一边随便地吃几口，一边向前走。它越走越远，而草越来越少，几天后，它已经接近沙漠的边缘了。此时，它只要回头走就可以重新吃到美味的青草，但它坚持想：“我是一匹精良的马，好马不吃回头草。”后来，在饥饿的折磨下，它倒在了沙漠中。

“好马不吃回头草”，这句看似豪情满怀的话，却把人身后的那扇门关上了，于是许多人把自己的路堵死了。

当然，我们并不是说不吃回头草就会饿死，它只是代表做事要有一种弹性。在现实生活中，你一定会面临许多抉择，建议你在面临回不回头的关卡时，要学会思考下列事情：

1.你现在有没有“草”可以吃？如果有，这些草能不能让你吃饱？如果吃不饱，或目前无草可吃，那么将来会不会有草可吃？在吃到草之前，你能支撑多长时间？

2.这“回头草”本身的“草色”如何？值不值得去吃？对你的意义又是如何？

除了这两点之外，其他诸如“面子”、“骨气”这些事情，你都不必去考虑。

或许你会说：做人就是要有一种“好马不吃回头草”的志气，要有一种“生当作人杰，死亦为鬼雄”的英雄气概。但你应该细想一下，如果你真的有志气，宁可当匹英勇的死马，也不做一匹赖活着的活马，那么世人倒真应该为你立块碑了。但现实生活中，很多人却是因为一时冲动、意气用事而断送自己后路。况且在很多情况下，你完全有把握分清自己当时是出于志气还是意气行事。绝大多数人就是在面临该不该回头时，错把意气当成了志气，或用志气来掩盖自己的意气，明知自己已无草可食，而回头草又鲜又嫩，却怎么也不肯回头去吃。

遗憾的是，由于“好马不吃回头草”这一看似有理的古训，使得多少“草”依旧而“马”不见。这种现象与其说是观念问题，更多的不如说是由于面子问题。

好好想想自己的人生，如果回头的草还在，如果前方的路太崎岖，甚至一直通向沙漠，又为什么不可以回头？那些非要找到下一棵更好的草的家伙，在蹉跎了一生的岁月之后慨叹惋惜，才发现其实最好的已经错过，这样的所谓“好马”，真不知好在哪里。如果“回头草”肥美可口，甘之如饴，而且还在那里等着你，我们倒不如立马掉头启程，这才是一匹真正的“好马”。正所谓“大丈夫能屈能伸”，吃回头草的目的是为了使自己活得更好。况且，草地永远不会拒绝好马，只是看好马敢不敢去吃。

每个人的观念都有所不同，但在面对残酷的现实时，如果不懂得审时度势，一味顾及“面子”的“好马”，最终会变成饿死的“死马”。

而懂得为自己的利益着想的马，最终生存了下来，它们才称得上是真正的“好马”。

小华先是应聘到一家日资装饰材料公司，担任设备部主管。经过一段时间的实践，他成了公司的技术骨干，受到公司的器重。在他与公司履行完一年的合同时。他应聘到另一家承诺给予高薪的同类型的公司。

原公司的负责人对他说，你是公司的人才，很遗憾，公司没能留住你，但公司的大门向你敞开着，你什么时候想回来，公司都欢迎你。小华到了另一家公司后，由于他们的材料不达标，公司的生产不能正常进行，原先对他承诺的高薪也不能兑现。这时，他十分后悔，他想回原公司工作，但“好马不吃回头草”的古训让他左右为难。后来，原公司的负责人得知他的情况后，派人将他请回了公司。

小华重新回到公司后，在工作中表现得更为出色，使得企业的效益不断提高。他不仅受到了奖励，还被提拔为部门经理，薪水也涨了一倍，他尝到了吃“回头草”的甜头。

作为一个有理性的人，面对现实和环境的考验时，怎样做能获得最大的利益就应该怎样做，既然“回锅肉”越吃越有味道，为什么不能吃呢？能进能出，能屈能伸，这才是一个成熟的人的基本素质和做人风度。在当今社会，“好马不吃回头草”的观念已经不合时宜了。形势是随着时间的变化而变化的，当初离开也许是因为“草”不对你的胃口，当它已经符合你的口味时，为什么不吃“回头草”呢？没准“回头草”更肥更好吃呢。不要担心低头服软会让别人小瞧，笑到最后才会笑得最好。

第三节　记住“鹰立如睡，虎行似病”

《菜根谭》一书中说过这样一段话：“鹰立如睡，虎行似病，正是他攫人噬人手段处。故君子要聪明不露，才华不逞，才有肩鸿任钜的力量。”意思是说：雄鹰和猛虎是最凶猛的两种动物，它们一旦出击捕食，几乎从不会空手而归。有趣的是，在准备捕食前，雄鹰站在那儿就好像在打盹，猛虎走起路来则似乎生了病。但这其实只是它们故意示弱的一种障眼法罢了，这样做，既可避免因锋芒过露而遭到攻击，又可麻痹对手。因此，君子只有善于掩藏自己的智慧和才华，才能肩负起重任，以实现鸿鹄之志。

这实在是一段振聋发聩的高论。而自然界那些动物们的生存法则在人类社会也非常适用。在日常的人际交往中，我们需要有智慧，需要把自己的才能和才华展现给别人，这是大家都知道的，但智慧还有个境界问题，这就不是人人都明白的了。

在现实生活中，不乏才高八斗之人。但即使你的能耐再高，也不可全部显露出来，尤其是在与对手对峙时，更应该学会隐而不发，为自己留一手，让对手捉摸不透你的深浅。

在战争的过程中，尽一切努力掩饰自己的虚实，而千方百计去了解敌方的虚实，是谋略制胜的前提，两方面缺一不可。这就是“知己知彼，百战不殆”的道理。

曾国藩非常重视对己方虚实的掩饰。咸丰九年正月二十二日，曾国藩在给部将张运兰的信中教导说：“兵法最忌‘形见势绌’四字，常宜隐隐约约，虚虚实实，使贼不能尽窥我之底蕴……必须时进时退，时虚时实，时示怯弱，时示强壮，有神龙矫变之状。老湘营昔日之妙处，全在乎此。”

也就是说，不能让敌方了解己方虚实，应当隐隐约约，虚虚实实，使敌人无法看破我方底细。为此，必须变动策略，时而进，时而退。时而示敌以虚，时而示敌以实，时而示弱，时而示强，就像神龙一样见首不见尾，矫变无常。当自己势单力薄之时，虚虚实实，使敌军摸不清我方的真实力量，不敢轻易下手。虚实之变是自我保护的绝妙之计。当我方处于优势之时，若发动攻势，也须以虚实之变来进行战略部署，了解敌人的实力所在，一鼓作气而歼之。正如曾国藩总结自己用兵经验时说：老湘营昔日之妙处，全在乎此。可见虚实之变的作用。

湘军初建之时，人数仅有数千，而太平军动辄上万，在敌强我弱的情况下，曾国藩充分发挥了避实击虚的战术，掩饰住自己的底细，从而以少胜多，以弱胜强，在斗争中不断强大，最终从根本上扭转了局面。

中国旧时的店铺里，在店面是不陈列贵重货物的。店主总是把它们收藏起来，只有遇到有钱又识货的人，才告诉他们好东西在里面。倘若随便将上等商品摆放在明面上，岂有贼不惦记之理?

不仅是商品，人的才能也是如此。俗话说，“满招损，谦受益”，才华出众而喜欢自我炫耀的人，必然会招致别人的反感，吃大亏而不自知。

在这个世界上，才能高的人有很多，但有“心机”的人却不是很多。同样一部《三国演义》，死于曹操手下的才高八斗之士数不胜数，如孔融、祢衡之流，皆因他们不善于隐藏自己才命丧黄泉。所以，无论才能有多高，都要善于隐匿。自古成大事者都谨小慎微，“心机”胜人一筹，善于巧妙掩饰，隐藏自己，能以静制动。

《三国演义》中有一段曹操“煮酒论英雄”的故事。刘备因落难去投靠曹操，曹操对刘备的到来也很欢迎，并把他安排在了许都。刘备担心曹操谋害自己，就把自己伪装成一个农夫的模样，他每天在后园种菜，浇灌，来迷惑曹操，使其放松对自己的警惕。

一天，曹操请刘备到他的府里饮酒，谈到谁才能称为是世上的英雄。刘备列举了许多豪杰的名字，在他说这些人的时候，曹操不住地摇头，他认为这些人都不算英雄。接着曹操指出了英雄的标准—“要有大志向，足智多谋，要有包藏宇宙之机，吞吐天地之志”。刘备听了他的一番言论，不禁问道：“那谁能算得上是英雄呢？”曹操竟说：“只有你和我才是啊。”刘备本以韬晦之计栖身许都，曹操的判断让他很是惊讶，他没想到曹操会说出这样的话，竟不知如何是好，吓得手里的匙箸居然从手中脱落。这时恰好雷声大作，刘备故作镇定地捡起匙箸，并解释说是雷声的缘故，他才慌乱至此，巧妙地掩饰了自己的恐慌心理，也避免了曹操对他的猜忌。这就是深藏不露的智慧。

周星驰在电影《唐伯虎点秋香》里有一句很出名的台词，叫“别人笑我太疯癫，我笑别人看不穿”。真正的大智慧，往往是收敛的、内在的，不会轻飘飘地暴露在外。所以在外人看来，这样的智者很愚蠢、很傻帽儿，其实他们才是不折不扣的大智者。

也许你也听过“真人不露相，露相非真人”这句话，它的意思是，真正的聪明人身怀绝技而深藏不露，绝不到处炫耀，而是等待时机一鸣惊人。有才华固然好，但是能力再强，也不能整天顶在头上到处去炫耀，否则才华会因你的处事方式而难以施展。所以，请牢记祖先的教诲：“鹰立如睡，虎行似病。”

第四节　做人要适度地伪装自己

在人生的旅途中，适当地伪装自己，能避免不必要的伤害。同时，还能为自己收获莫大的利益。

有一个牵涉到一大笔钱和一项重要的法律问题的案子，一位年轻律师参加了这个案件的辩论。在辩论中，一位最高法院的法官对年轻律师说：“海事法追诉期限为6年，你说对吗？”

律师先是愣了一下，看了看法官，然后直率地说：“不，庭长，海事法没有追诉期限。”

后来，这位律师对朋友谈及此事时说道：“当时，法庭内立刻静默下来，似乎连气温也降到了冰点。虽然我是对的，他错了，我也如实地指了出来。但他却没有因此而高兴，反而脸色铁青，令人望而生畏。尽管法律站在我这边，但我却铸成了一个大错，居然当众指出一位声望卓著、学识丰富的人的错误。”

这位单纯的律师的确犯了一个“比别人正确的错误”。在指出别人错了的时候，怎么就不能做得更高明一些呢？对此，可以采用若无其事的方式提醒别人，让那些他不知道的事情看起来似乎是忘记了一样。

比如，倘若有人说了一句你认为是错误的话，你这样说不是更好吗？“唔，我倒有另外一种想法，但也许不对，我常常弄错。如果我弄错了，我很愿意得到纠正。”这将会收到神奇的效果。无论在什么场合，做人都不能太单纯了，小孩子可以毫无心机地单纯，那是可爱，但成年人如果这样，那就是愚蠢。

在现代社会中，无论是在哪个领域，总会存在激烈的竞争，人人都在绞尽脑汁地为自己谋取更大的利益。在竞争的过程中，人们就会用到各种出奇制胜的计策。在关键的时刻，故弄玄虚，伪装自己也不失为上策。

清代，鳌拜欺君专权，堵塞言路，威慑群臣，而且举止粗暴，从不遵守朝仪。面对鳌拜的步步进逼，康熙已经忍无可忍。但康熙深知鳌拜党羽众多，势力很大，加上他是武将出身，具有一身好武艺，是不是轻易能制服的，并且如果稍有不慎就会祸及自身。

于是，康熙为了麻痹鳌拜，他竭力装作酷爱戏耍，无意于政事的样子，精心选出一批年轻力壮的侍卫，天天和他们一起摔跤玩耍。即便是鳌拜上朝奏事，康熙也照常同小侍卫们戏耍，从不回避。鳌拜屡见这般情景，真以为康熙年小幼稚，好耍武艺，还没有把心思用在政务上。从此鳌拜心益坦然，他常在宫中进进出出，从不戒备。

康熙则亲自督促侍卫们练习摔跤，既提高侍卫们的擒拿技能，又起到了麻痹鳌拜的作用。眼看时机成熟，一天，鳌拜大摇大摆地入朝上奏，康熙来了个突然袭击，眼神暗示过后，侍卫们一拥而上，擒住鳌拜。鳌拜被弄得不知所措，当他还没有明白过来时，小侍卫们早已迅速地把他捆绑起来了。之后，康熙立即命议政王大臣等勘审鳌拜的罪行。

聪明意味着理智与理性，人要想在人性丛林中行走，就必须拥有聪明的头脑，这样才不至于决策失误，才能更好地实现自己的目标，去和别人竞争，去战胜别人，从而获得自己的利益。然而，你不需要让你的聪明表现得淋漓尽致。有时候，装傻装愚的威力更大。

武术中有一种高难度的拳术名叫“醉拳”，委实厉害。“醉拳”之厉害，在于一个“装醉”，表面上看来跌跌撞撞，踉踉跄跄，不堪一击，而其实，醉醺醺之中却暗藏杀机，就在你麻痹大意之时，却挨上了“醉鬼”的狠招。

真醉和装醉是完全不同的两种情况，愚者和装愚者是截然相异的两种人。玩“醉拳”的，是“形醉而神不醉”，“醉”是“醉”在“虚”处，是迷惑对手，而“拳”却击在“实”处，招招乃致命之招。装愚的，是“表愚而内不愚”，“愚”是“愚”在皮毛小事，无关大局，而“精”却“精”在节骨眼上，事关一生命运。

在中国古代，如果哪个太子有能力、又能服人心，他自然就会成为未来皇帝的人选。但如果太子过于张扬自己的才能，咄咄逼人，甚至做出逼父退位的举动，就可能会遭到父皇的猜忌而被废黜。历史上这种事例很多，因此聪明的太子往往很含蓄，不过分地显示自己的才能。

唐代的顺宗在做太子的一段时间，就不注意这个忌讳，他处处显示自己的过人之处，善于向世人表现自己的雄才大略，他并不知道宫廷的险恶。有一次，他对宫里的一个官员说：“我要竭尽全力，使父皇进行新的改革。”这位官员深谙宫廷的规矩，就告诫太子说：“太子啊，当前改革的事情皇上很敏感，你还是收敛一些，多尽一些孝道，向父皇多问一些起居饮食方面的事吧，而且如果你多干预政事，别人也会以为你邀名邀利，招揽人心呢。陛下听了你的话，也会对你多加猜忌的，你要三思而行啊！”太子听了，觉得很有道理，从此也就不再提上奏的事情了。虽然父皇晚年荒淫而又专制，但太子始终不声不响，直至熬到继位，最终完成了唐朝后期著名的顺宗改革。

隋炀帝的太子杨暕也很善于显示自己，但他就没那么幸运了。一次，父子同猎，炀帝一无所获，太子却满载而归，炀帝本来就看不惯太子的一些举动，这次儿子的“优势”更让他颜面无光，于是炀帝就找了个机会废黜了杨暕的太子名号。

同为太子，顺宗明时度势，最终成就帝业，而杨暕却因不能做到适时遮掩自己的锋芒，最终被炀帝所废黜，可见，一个人做人的姿态，有时候可以给他带来不同的命运。

在与上级相处的时候，也不能太单纯。别以为表现得越好上司就越高兴，萧何便是很好的例子。当年与刘邦共打天下的各位有功之臣，都非平庸之辈，而最后皆被刘邦和吕氏疏远和加害，唯有萧何能安度晚年，这是为什么呢？原因在于，萧何表现出了难得的糊涂。他从来对一些大事都持漠不关心的态度，这样，刘、吕便放松了对他的警惕，从而他聪明地保全了自己。

兵书上总说兵不厌诈，在必要的时候，用伪装来迷惑别人，可以有效避免很多麻烦。而且还可以引诱对手做出错误的判断，从而能够给他致命一击。在人性丛林中，这实在是一个必备的生存技能。

第五节　柿子要挑软的捏

“打狗还要看主人”。为什么会这样呢？原来，因为打错了狗是会给自己招来麻烦的。如果不幸把自己上司家的狗打了一顿，即便上司大度地不予追究，你自己心里也会忐忑不安吧。做人做事就是这个道理，“下手之前”要先摸清对方的底细，打有准备之仗。这样才能做到无往而不利，让对方输得心服，让自己赢得明白。

伟大的兵法专家孙子曾经指出：“古之所谓善战者，胜于易胜者也。”在市场竞争中，人们总是选择易于被战胜的对手，或者选择对手的最薄弱处进行攻击。

“柿子要拣软的捏”说到底，这是一种战略。所谓的战略，就是确定长远的目标，并指出实现该目标的策略和途径。诸葛亮和刘备的《隆中对》就很好地体现出什么是战略和什么是战略家了。

诸葛亮找到刘备，首先分析了形势。当时的形势是汉末的众多豪强争霸，到现在剩下的也不多了，其中最厉害的就是曹操。曹操击败了袁绍后，实力大大增强。且曹操挟天子以令诸侯，拥有第一政治权力，所以曹操这边是不能直接对抗的。孙权占有了江东，经营了多年，拥有地理优势，且内部和谐，因此不能够跟他争地盘，应该跟他搞好关系。荆州是个好地方，但刘表比较愚钝。四川也是个好地方，刘璋、张鲁也不聪明。分析了形势，是知彼。然后他说刘备是汉室之后，可以利用这个有利条件。而且，刘备的名声好，可以吸引很多人才过来。这是知己。

行动的方针就是先挑软的打，占领荆州和四川。进入三方相持阶段后，工作方针就是重点转向国内，西和诸戎，南抚夷越，外结好孙权，内修政理。等到情况发生变化后，就可以转入战略进攻了。

假如让没有一寸立足之地的刘备直接去跟曹操对抗，无异于以卵击石，失败也在所难免。

在现代商战中，“胜于易胜”也是一条重要的经营原则，这是在激烈的市场竞争中能够稳操胜券的根源所在。搞经营要善于发展自己的优势，还要善于将劣势化为胜势，通过捏软柿子，以石击卵，使自己立于不败之地。

现代美国拥有庞大的小轿车市场，我国的轿车制造业是很难进入美国轿车销售市场的。原因在于，美、日等国的汽车制造业比我国的汽车工业强大得多，双方力量对比悬殊。但美国社会虽主要以轿车为代步工具，仍有一些人喜欢骑自行车，自行车工业是被美国所忽视的，而它又为我国的大宗强项产品。我国的自行车出口美国，在那里的市场上就容易销售。这是因为任何国家都有比较优势的产业和比较弱势的产业。自行车是一种技术含量低而劳动密集型的产品，这种产品在美国的生产成本必然大大高于我国，因而我们在这个产业中就具有无可比拟的优势，因而我国生产的自行车打入美国市场就是顺理成章的事了。

由繁到简、由易到难是我们做事应该遵循的过程。因为一开始你需要用弱者来扩充自己的实力，之后才能用强者来检验自己的实力。而且，做人做事要懂得不打无把握之仗，保存实力，一击毙敌，每件事都应力求在双方条件对比下有把握才做。所以，柿子拣软的捏，也就成了人所共知的道理。不过，在你挑软柿子的同时，别人也在挑，所以请看下面的故事：

某大学一个班级里，有一位学生比较胆小怕事，遇事过分忍让，因此，虽然班里的绝大多数同学对他并无恶意，但在不知不觉中总是把他当做是一个理所当然地应该牺牲个人利益的人。看电影时，他的票被别人拿走，春游时，他被分配看管包的任务。但实际上，他也非常渴望与别人一样，得到属于自己的那份利益与欢乐。

由于他的软弱和极度忍耐，这种事情一直持续了很久。终于有一天，他忍无可忍了，一向木讷的他来了个总爆发。一次，一场十分精彩的演出又没有他的票，他脸色铁青，虽然那场演出的票很少，但是这位同学还是在众目睽睽之下拿走了两张票，摔门而去，大家在惊讶之余似乎也领悟到了什么。但不管怎么说，在后来的日子里，大家对他的态度似乎好多了。

这个故事告诉人们：首先，不要去惹不好惹的人；其次，虽然你需要低头，但这种低头需要有心计，并不是懦弱。如果你平时表现得不够强硬，是别人眼中的软柿子，那么你就要反思一下，怎么让自己变强，别被别人当成软柿子欺负。

第六节　不用总做“老好人”

在职场中，老好人通常会帮助他人处理事情。当然，这样的行为偶尔是可取的。倘若长久如此，就会给自己带来无形的麻烦。

大学毕业后，小杨进入了一家企业工作。小杨知道，自己刚刚走进社会，涉世未深，有很多东西都需要从头学起。于是他总是来得最早，走得最晚，再加上踏实上进、勤学好问，在一起来的新人里最受“老辈们”的欢迎。

办公室脏了，准是小杨第一个打扫；饮水机没水了，小杨也是头一个给送水公司打电话；复印机里没纸了，也都是小杨买纸装纸。由于懂电脑，谁的电脑有了问题或是技术上的不明白都要找小杨帮忙。不久，小杨就成为公司的“兼职”电脑顾问，还是系统的维护员。同事知道小杨走得最晚，于是，关上电闸和锁好门的任务就永久性地交给了他。这样一来，小杨对下班已经渐渐失去了概念。

刚刚来了不到两个月，小杨就成了办公室里公认的“老好人”。小杨很是高兴，因为对于一名新人来说，最重要的莫过于别人的肯定和喜爱了。这给了小杨很大的鼓舞，更坚定了把“好人”做得更好的信心和决心。他对别人的求助总是热心帮助，只要自己能够办到，绝不提个“不”字。

但是，时间一长。问题和矛盾也就日益突现了。由于小杨总是在上班时间给予他人这样或那样的帮助，自然也就耽误了很多自己的工作时间。因此，小杨的上司总是批评他办事效率太低，公私不分明。每次都看到他穿梭于各个办公桌之间，扰乱了其他同事的工作。小杨就这样被训着，有着一肚子的委屈，可上司的话也的确没错。

此后，小杨一心一意地扑在自己的工作上，当别人“求救”时，小杨如果正在工作，就很不好意思地委婉拒绝了，“老好人”的称号也就随着慢慢瓦解了。有些人说小杨对业务上手后，目的也就达到了，没必要再委屈自己做不喜欢的事情，于是大家也都不愿再让小杨帮忙。这时，小杨才发现夹在老板和同事之间是那么的难受，无法找到一种方法把两边端平，自己那么久的努力竟然就这么被轻易地埋没掉了。

要知道，存好心最怕是好心做坏事。好事做不成，还让自己遭遇“里外不是人”的尴尬。当习惯成自然的时候，你想改变角色定位、不再当老好人就难了。

而且，更重要的是，当你因为好心而没有了主见时，更有可能成为裁员的首要目标。在公司里出了名的“老好人”小杨，工作中他与大家共进退，有困难与大家一起扛；别人说好，他就说好；别人说坏，他就不吭声，默默地隐匿在大家之中，久而久之，他成了老板视而不见的隐形人。公司不景气，老板有意裁员，便首先想到了他。

其实，职场中的“老好人”，事实上最终将成为一个碌碌无为的人。他们在职场中总是因为分担了别人的工作而使自己职责范围内的工作一团糟，而且其中大部分人从来不敢表现出自己的想法，表达出自己的态度。相信这样的人在职场上是永远都不会有所突破，永远也不会成功。

每个人都有一种带些劣根性的心理。当人们在不停地索取后，这就已经成为一种习惯。就好像在他们的心目中，你就是“老好人”，有问题找你肯定能解决。而且索取变得更加没有边际，仿佛形成一种思维定式。于是当他遭到拒绝后，就会逐渐在心中颠覆你的“好人形象”。相反，那些平时一贯冷漠的人，在给了别人一次帮助后，反而会让人记住很久，也会让人更加感动。这是因为，“老好人”的行为在别人看来已经是很平常的一件事，所以人们往往忽略了好人的付出和牺牲。换句话说，“好人”的好行为就是应该的。而那些平时很少主动“出击”的人们的一次善举，就让人们在陌生中体会到温暖，反而更加难以忘记：曾经谁谁帮助过我，他也并不是我想象中的那样高傲。

而且，“老好人”没有什么真正的朋友，没有人会在他真正需要帮助的时候伸出援手，因为别人都会觉得他对自己不是真心的，他之所以与自己交往是有利可图的。俗话说，和任何人都是好朋友的人。不能成为任何人的伙伴。

所以，虽然你需要低头，需要乐于助人，但千万不要做“老好人”，因为老好人并不是好人，这一点孔子早就说了。他说：“乡愿，德之贼也。”“乡愿”这个词含义丰富，孔子所谓的“乡愿”约等于伪君子。指那些看似忠厚实际没有一点儿道德原则，只知道媚俗趋时的人。大约是说言行不一，当面背后各一套地四方讨好、八面玲珑的人就是乡愿。这种人随波逐流，趋炎媚俗，更多的是指道德败坏的小人。

不仅古代圣贤这样认为，现代西方管理理念也有着同样的观点。哈佛商学院MBA职业发展规划主任蒂莫西·巴特勒在《别和成功擦肩而过：职场精明人的12种缺陷》一书中指出，“不惜任何代价避免冲突，当老好人”成为阻碍职场人士成功的首要障碍。

如果你也有老好人的倾向，一定要及时地转变。首先要学会勇敢地拒绝不合理的请求，其次，要懂得发表自己的意见，不要让别人无视你的存在。否则，一旦戴上“老好人”的帽子，处境将会非常尴尬。付出也将是一种浪费，实在是做人的失败。

第七节　螳螂捕蝉黄雀在后

俗话说："鹬蚌相争，渔翁得利"，一般人都懂得这个道理，而一个善于权谋的人和一个精明的生意人更是深谙此道。

一个人、一个企业的实力总是有限的，在面对强大的敌人时，弱小者如要求生存，必不能以卵击石、莽撞从事，而要略动动脑筋，看看能否在保存自己的实力下赢得最大化的利益，这就需要点儿渔翁得利的策略了。

范雎是战国时著名的政治家、军事谋略家。他游说秦昭王，驱逐专权的秦相魏冉。公元前266年，他被任为秦相。他主张远交近攻，歼灭敌国主力。

秦昭襄王对范雎说："天下的贤才武士，以合纵为目标，相聚在赵国，而且要攻击秦国，我们该如何对付？"

范雎说："大王不必忧愁，让我来破解他们的合纵关系。秦国与天下的贤才武士，并没有什么仇恨。他们相聚要来攻打秦国，只是为求一己的富贵。一群狗在一处，卧的卧，立的立，走的走，停的停，不会互相争斗。如果投一块骨头过去，每只狗就都起来抢夺，并且互相撕咬，这是什么原因呢？因为对那块骨头，彼此都起了争夺之意。"

于是，秦王派范雎带了五千金，在武安大摆宴会，散给合纵之士的黄金不到三千斤，他们就互相争斗起来，也不再攻击秦国了。

就这样，范雎通过制造敌人的内部矛盾，瓦解了各国的合纵联盟，轻松坐收渔翁之利。坐收渔利大致有两种情形：一种是主动出击，潜入对手内部去挑动矛盾，或者制造矛盾，然后得利；另一种是静观其变，做黄雀、渔翁一样的第三者，隔得远远地坐山观虎斗，看到对手杀得两败俱伤，便顺手牵羊，将厮杀的双方收入囊中。

有这样一个故事：

在一条街上相隔不远，有三家规模实力大致相仿的绸布店，在这条商业街上几乎成三足鼎立之势。正值市面清淡时。王家绸布店首先挂出了“蚀本大甩卖”的招牌，一时顾客盈门。对门的李家不甘落后，也立即减价。稍远一点儿的周家店几乎被王、李两家抢走了所有的顾客，迫不得已也只能“降价酬宾”。但不多久，王家为了和李、周两家争抢生意，再一次降价，李家立即效仿。一时间，王、李两家竞相压价。

此时，周家店的老板心生一计，他放出风来说自己已赔得太多了，再不能支持了，索性先关了店面，不去争另外两家的生意了。这一来，王、李两家更是非要决一雌雄不可了。他们不惜血本，把价钱大降特降。果然，生意出奇的好，顾客不光人多，买得也多，很多人都是成捆成捆地买。等到他们的店都快被掏空了，本钱大赔时，他们才发现，许多顾客都是被周老板雇来的。就这样，王、李两家，一家倒闭，一家成了周老板的分店，他们落了个两败俱伤的结果，只有周老板从中得了大利。

从某种意义上说，像周老板这样坐收渔利是符合商业竞争法则的，他依靠计谋，而使自己避免成为王、李两家这样的鹬蚌，这样的决策同样也需要智慧。相比之下，那些只顾眼前利益、片面地看问题的商家，是不可能想到并且采用理智的观战之法的。

渔翁得利还有一层含义可以理解为，不需要自己动手，让对方自己斗去，自己只需要抓住问题的主要矛盾就可以了。

春秋时期，齐国有公孙无忌、田开疆、古治之三名勇士，立下许多功劳。但这三个勇士自恃功劳过人，非常傲慢狂妄，别说一般大臣，就是国君也敢顶撞。

当时，晏婴在齐国做相，对这三位很是担心。因为他们勇武过人，但又没有什么头脑，对国君也不够忠诚，万一受人利用教唆，则必成大患。晏婴便与齐景公商议，要设计除掉这三人。

一天，鲁昭公来访，齐景公设宴招待。晏婴献上一盘鲜美的大桃子。宴会结束后，还剩下两个桃子，齐景公决定将这两只桃子赏给臣子，谁功劳大就给谁。当然，这是晏婴的计谋。

若论功劳，自然是三勇士最大，但桃子只有两个，怎么办？三人各摆功劳，互不相让，都要争这份荣誉，其中两人先吃了桃子，剩下一人自觉无颜，自杀而死，吃了桃子的两人感到惭愧，自觉对不住朋友，也自杀而亡。这样，齐景公就去掉了心头大患。

这就是历史上有名的“二桃杀三士”的故事。晏婴巧妙地制造了矛盾，去除了祸患。

放到现代商业社会来看，如果你想将产品打入一个新的市场，需要找代理商的时候，先不用仔细地跟每家代理商谈条件，只要先充分宣传自己的产品有巨大的前景和广阔的利润空间，给代理商们“两个桃子”，代理商们肯定谁都不肯放弃到口的肥肉，自然会拼命争取代理的资格，争相以优厚的条件与你合作。这种竞争的结果，自然是代理商们以微薄的成本帮你的企业代理产品，要比你单独找上门去找他们优惠得多。有时先抛出去两个桃子，你就轻松地获得了整片“桃林”。

对于赚钱，聪明人总会赚得很轻松。这些都是源于他们深谙竞争的法则和商业的生存法则。如果你也想做一个聪明人，并且很想赚钱，不妨想想这个道理。另外，在赚钱的过程中，你不妨多想办法、多动脑筋。如此，就有可能坐收渔翁之利了。